NOTES GÉOLOGIQUES

SUR

LE DÉPARTEMENT DE LA MAYENNE

NOTES GÉOLOGIQUES

SUR LE

DÉPARTEMENT DE LA MAYENNE

PAR

M. D. ŒHLERT
Conservateur du Musée d'Histoire Naturelle de Laval.

ACCOMPAGNÉES D'UNE CARTE GÉOLOGIQUE

Par M. J. TRIGER, ingénieur

ÉDITÉE PAR M. D. ŒHLERT.

ANGERS
IMPRIMERIE-LIBRAIRIE GERMAIN ET G. GRASSIN
RUE SAINT-LAUD

1882

NOTES GÉOLOGIQUES

SUR LE

DÉPARTEMENT DE LA MAYENNE

INTRODUCTION

Le département de la Mayenne a été jusqu'ici fort peu étudié au point de vue géologique; depuis l'ouvrage de Blavier, qui date de 1837, aucun travail important n'a été publié, soit sur l'ensemble du département, soit sur une de ses régions en particulier. Nous savions depuis longtemps, il est vrai, que M. Triger, dont la notoriété, dont la science géologique est bien connue, avait, tout en étudiant le département de la Sarthe, poursuivi ses recherches dans celui de la Mayenne, mais nous croyions ses études perdues et nous désespérions de les voir jamais mises au jour, lorsque son fils, M. J. Triger, nous fit connaître l'existence de ces précieux documents, nous les confia et voulut bien nous autoriser à publier la mise en œuvre des matériaux que nous pourrions rassembler.

M. Triger est mort en 1867, laissant inachevée la carte géologique de la Sarthe, ainsi que les études déjà très détaillées qu'il avait entreprises sur certaines régions de notre département. Appelé dès 1828 à étendre dans la Mayenne les découvertes de charbon qu'il avait déjà faites sur les confins de ce département et de celui de la Sarthe, il fit successivement connaître les bassins de L'Huisserie et de Saint-Pierre-la-Cour, et dirigea pendant quelques temps plusieurs exploitations, mais il céda bientôt ses trouvailles pour aller découvrir d'autres gisements et vaincre de nouvelles difficultés. C'est ainsi que nous le voyons tour à tour aux mines de Chalonnes (Maine-et-Loire), aux environs de Quimper, dans la rade de Brest, et enfin dans le Pas-de-Calais où il faisait des recherches, lorsque la mort vint l'arrêter dans ses travaux.

Pendant qu'il trouvait de nouveaux gisements de combustibles, il donnait en même temps l'essor à l'exploitation du calcaire, tant au point de vue des marbres, qu'au point de vue de la production de la chaux, dont il préconisait l'emploi pour l'amendement des terres ; il favorisait ainsi l'agriculture du département de la Mayenne, en procurant à des conditions très avantageuses une substance minérale dont on a peut-être abusé depuis, mais qui fut tout d'abord un stimulant énergique pour des terrains restés longtemps à l'état de landes.

Tous ces travaux nécessitaient des recherches géologiques générales qui permirent à M. Triger, dès 1834, de communiquer à l'Académie des Sciences un *Essai de Carte géologique des départements de la Mayenne et de la Sarthe ;* cette carte était accompagnée, dit le rapport de MM. Cordier et Héricart de Thury, « de quatre coupes et profils sur quatre grandes lignes d'inter« section de toute la contrée, dont il fait connaître dans le plus « grand détail les différents terrains et les révolutions géolo« giques qu'ils ont éprouvées. M. Triger, ajoutent les rapporteurs, « ayant accompagné MM. Dufrenoi et Élie de Beaumont dans « leur voyage dans les départements de l'ouest, et leur ayant « communiqué ses observations, que les deux savants ont été à « même de vérifier dans leur inspection de ce pays, nous ne « pouvons douter de leur exactitude (1) ».

Deux mois après la publication de ce rapport, M. Triger offrait au Conseil général de la Mayenne, de faire la carte géologique du département. Dans ce but, il proposait de réduire les plans cadastraux et de publier une carte à l'échelle de celle de Cassini, ($\frac{1}{86,400}$); de plus, il comptait réunir des spécimens de chaque espèce de roche pour servir à la création d'une collection locale. Cette demande ne fut pas agréée et ce fut à M. Blavier, ingénieur des mines, que fut confiée l'exécution de cette carte.

A ce propos, nous exprimerons ici le regret que M. Blavier n'ait trouvé, dans le cours de son ouvrage, qu'une seule occasion pour citer le *zèle* de M. Triger qui, cependant, depuis dix ans

---

(1) Triger. Lettre à MM. les Membres de l'Académie des Sciences. — Mémoire et rapport, in-4°, p. 7, 1834.

Cette partie du travail ayant été imprimée, nous avons pu en retrouver quelques exemplairee : il n'en a pas été de même de la carte et des coupes qui n'existaient pas parmi les papiers de M. Triger ; les recherches que M. le professeur Hébert a bien voulu faire à notre intention dans les archives de l'Institut ont été également infructueuses.

déjà, s'occupait activement et avec succès de recherches géologigues dans la Mayenne et dont les travaux étaient assez nombreux pour constituer ainsi que nous l'avons dit précédemment, une carte d'ensemble qui avait été communiquée officiellement à l'Institut trois ans auparavant.

Malgré le refus du Conseil général, M. Triger n'en continua pas moins ses recherches dans la Sarthe et dans la Mayenne, et fit réduire à ses frais les plans cadastraux qui furent reproduits par l'autographie. Les documents concernant la Sarthe, étant devenus la propriété de l'administration départementale, par suite d'un traité passé durant la vie de l'auteur avec le Conseil général, furent confiés, après la mort de M. Triger, à M. Guillier qui se chargea de continuer et de compléter la carte de la Sarthe. Cette œuvre inachevée ne pouvait être placée en de meilleures mains que dans celles du géologue savant et modeste qui avait été d'abord l'élève, puis le collaborateur de M. Triger; elle est actuellement terminée et doit paraître prochainement.

Les études faites sur la Mayenne sont beaucoup moins complètes que les précédentes et ne comprennent que la partie médiane du département, c'est-à-dire l'arrondissement de Laval et une portion nord-ouest de l'arrondissement de Château-Gontier. Les cartes qui nous ont été communiquées, bien qu'assez nombreuses, ne constituent cependant pas la collection complète des études faites par M. Triger dans la Mayenne. Plusieurs sont égarées : nous citerons entre autres les feuilles comprenant la région nord-ouest du département de la Mayenne à la limite de la Sarthe ; d'après un renseignement fourni par M. Guillier, ces minutes furent perdues il y a plus de vingt-cinq ans par M. Triger lui-même.

Souvent à l'état de fragments, les cartes que nous avons eues entre les mains sont à des échelles diverses et présentent de sérieuses différences au point de vue topographique avec la carte de l'État-Major; c'est pourquoi nous avons dû les réduire d'abord aux mêmes proportions afin de pouvoir les reporter ensuite au $\frac{1}{80.000}$ sur la carte du département de la Mayenne.

M. Jules Triger nous ayant autorisé à rechercher dans les papiers de son père tous les renseignements pouvant nous aider dans notre travail, nous espérions y trouver, soit des notes manuscrites, soit des carnets de voyage qui nous eussent été très utiles dans la révision que nous entreprenions. Malheureusement nos recherches ont été complètement infructueuses et il n'y a pas lieu de s'en étonner, car tous ceux qui ont travaillé ou fait des excursions avec M. Triger, savent combien il était rare qu'il prît des notes, se contentant, en général, d'inscrire sa pensée par un trait de couleur sur ses cartes.

Aussi, M. Caillaux, dans sa notice sur M. J. Triger, a pu dire très justement la phrase suivante : « M. Triger, homme d'action, « qui, malheureusement, éprouvait en quelque sorte un sentiment « de répulsion pour la plume, n'a laissé que fort peu d'écrits, qui « se retrouvent tous dans le *Bulletin de la Société géologique de* « *France* (1) ».

Les indications fournies par les cartes étant parfois contradictoires et les dates respectives de ces documents étant inconnues, il nous a fallu choisir entre les différentes solutions ; toutefois les études géologiques que nous avons faites sur certains points du pays nous ont souvent permis de décider avec sûreté le contour et la direction qui devaient être définitivement adoptés. En tous cas, nous n'avons jamais substitué notre manière de voir, ni nos interprétations à celles de l'auteur, et respectant sa pensée, même dans ses inexactitudes, nous avons tenu, avant tout, à rendre aussi fidèlement que possible la physionomie de l'œuvre qu'il a laissée.

La coupe géologique du chemin de fer de Paris à Brest et les coupes transversales dans la Mayenne, nous ont apporté quelques renseignements sur les âges attribués par M. Triger à certaines couches ; il en est de même de deux cartes manuscrites au $\frac{1}{40,000}$ des cantons de Loué et de Sablé, qui nous ont été gracieusement communiquées par M. Guillier et sur lesquelles des numéros renvoyaient à la classification admise pour les terrains de la Sarthe.

Les âges des couches ont été souvent négligés par M. Triger, qui, pendant longtemps, s'appuya exclusivement sur les caractères minéralogiques pour distinguer les horizons. Ce furent les conseils donnés en 1854 par M. Hébert, alors sous-directeur à l'École normale supérieure, ainsi que la vue des résultats précis auxquels ce savant géologue arrivait par l'examen des fossiles, qui lui firent reconnaître la nécessité des connaissances paléontologiques. Aussi, à partir de cette époque, M. Triger attachant une grande importance à l'étude des faunes, recueillit

(1) A. Caillaux. — Notice sur la vie et les travaux de M. J. Triger, *Bull. Soc. géol. Fr.*, 2e série, t. XXV, p. 548.

avec le plus grand soin les espèces des différentes couches, et, dans les travaux qu'il entreprit vers la fin de sa carrière, soit dans le Pas-de-Calais, soit dans les terrains crétacés supérieurs de la Hollande, il récolta un grand nombre de fossiles qui vinrent enrichir sa collection, donnée depuis peu au Musée de Laval.

La carte de la Mayenne qui n'était point encore prête pour la publication, est loin d'être à l'abri de tout reproche, nous le savons, et nous aurons occasion de le répéter dans le courant de cette notice, mais nous sommes convaincu que la quantité considérable de documents sérieux qu'elle met au jour, ont néanmoins une véritable importance pour la géologie du département de la Mayenne. Travaillant à une époque où les recherches de charbon et de calcaire nécessitaient de nombreux sondages, profitant des travaux entrepris pour l'exécution des routes qui sillonnent aujourd'hui le département, M. Triger utilisa tous les renseignements qui lui étaient fournis et put jeter les bases d'une carte géologique. Les parties les plus soigneusement étudiées se trouvent aux confins de la Sarthe, depuis Viviers jusqu'à Bouère, et aux environs de La Baconnière, de Saint-Pierre-la-Cour, de L'Huisserie, de La Bazouge, de Boissay, de Saint-Brice et d'Épineux-le-Seguin. Il existe un certain nombre de lacunes, soit dans les terrains qui n'ont pas été parcourus par l'auteur, comme La Chapelle-Rainsoin, Saint-Léger, etc., soit sur des points présentant des difficultés que ce géologue n'était pas encore parvenu à résoudre. Tous ceux qui connaissent nos régions de l'ouest, savent combien il est parfois difficile de suivre une couche et d'en saisir la structure et le caractère, dans un pays où la culture ne laisse voir aucun indice du sous-sol et où les replis du terrain, ordinairement très arrondis, ne présentent que rarement des fractures permettant de relever une coupe, ou fournissant même une simple indication géologique.

Parmi les points dont les complications de structure semblent avoir arrêté M. Triger, nous citerons une région assez étendue, située entre Saint-Ouën, Le Genest et Grenoux ; sur les minutes que nous avons examinées, nous n'avons trouvé aucun renseignement permettant de relier les bancs de Changé et de Laval à ceux de Saint-Ouën et et du Genest. Il en est de même des bandes de grès que l'on voit entre Saint-Jean-sur-Mayenne et Andouillé, et que l'on retrouve plus à l'est, entre Saint-Céneré et Montsurs, mais qui ne sont pas indiquées d'une manière continue. Enfin, nous n'avons pu combler la lacune existant entre Louverné, Saint-Céneré et Argentré.

La carte que nous publions est donc incomplète, et un peu inexacte dans quelques-uns de ses détails, ce qui est dû à plusieurs causes : d'abord à ce que l'auteur ne considérait pas, sans doute, comme définitifs, certains tracés que nous avons dû adopter et ensuite à ce que les travaux entrepris depuis cette époque, l'exécution des routes, des chemins de fer, et l'exploitation des carrières et des mines, sont venus apporter de nouveaux renseignements géologiques dont l'auteur n'a pu profiter.

Quoiqu'il en soit, nous sommes heureux de pouvoir éditer cette carte, dont la publication aura tout à la fois l'avantage d'attribuer à M. Triger sa véritable part dans les travaux géologiques qui seront donnés sur notre département, et celui d'éviter aux géologues la peine de recommencer inutilement et moins sûrement peut-être, des études déjà faites par un savant aussi distingué.

Ce travail, nous l'espérons, sera un stimulant pour les géologues de notre région, qui auront à rectifier cette carte et à en augmenter l'étendue. Nous avons nous-même profité de cette occasion pour donner, sur le département de la Mayenne, une notice géologique comprenant des faits déjà connus, ainsi que des renseignements qui nous sont personnels.

HISTORIQUE

Le premier ouvrage (1680) dans lequel nous trouvons quelques indications sur les produits minéraux du territoire qui devait plus tard constituer le département de la Mayenne, estcelui de Le Clerc du Flécheray [1] (1). Dans l'essai d'un catalogue des fossiles de la France [2], publié en 1751, l'auteur, Dargenville, signale (p. 26) l'existence de minerai de fer à Moncor et à Andouillé. Le calcaire exploité comme marbre lui est aussi connu, et il indique celui de Saint-Berthevin et de Laval qui est veiné de blanc et de rouge, et celui d'Argentré qui est noir et blanc et plus souvent noir, bleu et blanc.

Dans l'*Annuaire de la Mayenne* de l'an XII [3], il existe une notice sur le département, dans laquelle l'auteur qui a gardé l'anonyme, indique les principales mines de fer alors en exploitation, cite les sources et fontaines minérales et donne la liste des roches exploitées. Il signale aussi l'existence de roches couvertes d'empreintes de coquilles, à Saint-Céneré, Saint-Germain-le-Fouilloux, Argentré, et ajoute que « les roches schisteuses au sud-ouest de Laval, « renferment des figures que M. Lamark regarde comme « le résultat d'une impression faite par un madrépore du « genre caryophillites ; le madrépore étant détruit, l'impres- « sion est restée » (p. 116).

En 1826, M. Boullier publia dans les *Annales Linnéennes* une note sur une espèce de polypier fossile rapportée au genre Favosites de Lamarck. Il décrivit et figura pour la

(1) Afin d'éviter la répétition des titres d'ouvrages, nous avons, pour l'historique, remplacé les indications bibliographiques, par un numéro, compris entre des parenthèses, et qui renvoie à la liste chronologique des ouvrages géologiques concernant le département de la Mayenne et dont nous avons donné le catalogue à la fin de ce travail.

première fois cette espèce très abondante dans les gisements de calcaires dévoniens de l'ouest de la France et il l'appela *Favosites punctatus*. Cette espèce ayant échappé aux savantes recherches de d'Orbigny, et de Milne-Edwards et Jules Haime, a été laissée dans l'oubli et confondue souvent avec le *Favosites Goldfussi*. En vertu des droits de priorité, le nom donné par M. Boullier doit être maintenu.

En terminant sa notice, l'auteur dit qu'il a trouvé cette forme « aux environs de Laval (Saint-Céneré), dans un « marbre gris, à couches presque verticales, alternant avec « un schiste argileux rougeâtre, contenant des paillettes de « mica. » Il ajoute que « des couches du même calcaire, « voisines de celles-ci, abondent en térébratules de diffé- « rentes espèces. »

En 1834, parut dans les *Annales des mines*, un travail de M. Blavier, sur les mines et le terrain à anthracite du Maine [**7**]. Cette étude fut reprise par l'auteur et parut sous une forme plus complète en 1837 : sous le titre de : *Essai de statistique minéralogique et géologique du département de la Mayenne* [**10**]; elle constitue une œuvre d'ensemble d'un grand intérêt pour la géologie du département; c'est dans cet ouvrage que les auteurs locaux ont puisé pour ajouter, soit à des statistiques, soit à des dictionnaires géographiques, les renseignements qui ont été publiés depuis.

Cette étude, très complète pour l'époque à laquelle elle parut, se ressent de l'état de la science géologique, lorsque Blavier parcourut le département; les roches sont uniquement classées d'après leur aspect minéralogique, les caractères paléontologiques ne sont indiqués qu'accidentellement, et les renseignements sur l'âge comparatif des différentes couches sont peu nombreux. Cet ouvrage est divisé en plusieurs parties dans chacune desquelles on trouve répétées sous des formes différentes, les indications placées déjà dans une autre division, ce qui rend parfois les recherches difficiles et grossit inutilement le volume.

En tête, nous trouvons une courte description topographique du département de la Mayenne, suivie d'un chapitre intitulé : *Constitution minéralogique et géognostique* (p. 14). Les roches éruptives, sur lesquelles on trouve de bons renseignements, ainsi que les roches sédimentaires y sont décrites d'après leur composition chimique et leur aspect. L'auteur reprend ensuite l'étude de ces mêmes roches par ordre chronologique (p. 48); ce sont d'abord les roches éruptives, puis les terrains de transition qu'il divise en quatre groupes : le groupe du quartz grenu dans lequel il réunit indistinctement les grès dévoniens et siluriens; celui du schiste et de la grauwacke comprenant les grandes masses schisteuses du département ; puis le groupe anthracito-calcaire dont la composition est très hétérogène et qui renferme « des couches de calcaire, d'anthracite, de « grauwacke et de phyllades » ; ce groupe qui correspond à peu près à l'arrondissement de Laval « est compris entre les « terrains de transition dont Château-Gontier est pour ainsi « dire le chef-lieu, et la bande de quartz grenu qui passe « par Sainte-Suzanne et la Baconnière (p. 66). » Enfin le groupe calcaire du nord, dont la forme topographique correspond à un triangle et que caractérisent les calcaires dolomitiques de Montsurs, Évron, Voutré, Torcé, etc.

Ces divisions sont plutôt géographiques que géologiques ; cependant nous trouvons l'indication de caractères distinctifs entre le calcaire à térébratules de La Baconnière, Saint-Jean, etc., et le calcaire à encrines de Laval et de Grez-en-Bouère ; toutefois, l'âge n'y est pas discuté et Blavier constate seulement que le premier est toujours situé au nord du second (p. 71). Quant au calcaire dolomitique, l'auteur le place « dans les terrains de transition anciens avec les schistes micacés et mâclifères (p. 73), » position que les études récentes n'ont fait que confirmer.

Blavier, dans un chapitre spécial, consacré au terrain carbonifère de La Baconnière (p. 75), considère ce dépôt comme plus récent que le terrain de transition moderne, mais cependant comme antérieur au terrain houiller de Saint-Pierre-la-Cour, qui repose en stratification discordante sur les terrains de transition.

Le terrain tertiaire qui fait l'objet d'une autre division,

comprend, d'après Blavier, trois dépôts : un premier marin, un second d'eau douce, et un troisième marin.

Dans le plus ancien, il comprend des grès dévoniens à *Orthis monnieri* dont la stratification lui parut horizontale, et dont les fossiles, par suite d'une fausse détermination, contribuèrent à le mettre dans l'erreur ; puis des grès roussards et des sables. Ces formations arénacées sont considérées par Blavier, comme étant « sans doute » l'équivalent des sables de Fontainebleau (p. 88). Cette opinion qui a été adoptée pendant longtemps et d'après laquelle on considérait ces sables comme appartenant au miocène inférieur, est généralement abandonnée; actuellement, on place ces dépôts dans l'éocène supérieur.

Au-dessus, Blavier place avec juste raison le lambeau de terrain lacustre de Grazai et de Marcillé. Enfin, il décrit en dernier lieu les faluns de Saint-Laurent-des-Mortiers et de Beaulieu.

En terminant cette partie de l'ouvrage, Blavier présente quelques considérations géogéniques ; c'est ainsi qu'il signale le développement des mâcles dans les schistes comme étant le résultat du métamorphisme de ces roches lorsqu'elles avoisinent le granite (p. 98); le calcaire dolomitique pourrait, dit-il, avoir subi une transformation du même genre. Le même auteur rapporte les principales dislocations de nos terrains à deux soulèvements successifs : le premier, dont la direction N.-O.-S.-E. correspond au système de Hundsruck, a agi sur les couches du terrain de transition ancien ; l'autre à direction O.-N.-O., E.-S.E., correspond au système des Ballons et du Bocage et a redressé les couches de transition moderne. Enfin, il indique comme ayant une direction générale N.-S., les filons de roche amphibolique qui « forment les masses allongées, « parfois considérables, situées sur des lignes en général « parallèles » (p. 103). Blavier constate l'absence des dépôts des mers jurassiques et crétacées et signale le retour de la mer à l'époque tertiaire (p. 105).

A la suite de cette première partie, un tableau indique les différentes roches qui ont été reconnues dans chaque commune par Blavier. Puis, dans une dernière partie faite à un point de vue industriel, nous trouvons la description des exploitations de charbon, de minerai de fer, de calcaire, d'ardoises, etc., etc., ainsi que quelques indications précieuses sur certains gisements aujourd'hui abandonnés et sur lesquels il est difficile de trouver actuellement des renseignements. Enfin, une carte géologique à $\frac{1}{261,000}$, termine cet ouvrage. L'œuvre magistrale de Dufrénoy sur la presqu'île de Bretagne [**12**], qui parut quelques années après le volume de Blavier, ne contient, en ce qui concerne la Mayenne, que des idées émises déjà par ce dernier auteur, aussi ne nous arrêterons-nous pas sur ce travail.

C'est de 1850, lors de la réunion de la Société géologique au Mans [**19**], que datent les idées générales sur la classification des terrains anciens de la Sarthe et de la Mayenne. M. de Verneuil, aidé par les études locales de M. Triger, put, dans la coupe de Sillé-le-Guillaume à Sablé, donner un schema qui, s'il a subi quelques modifications de détails, est resté vrai dans son ensemble. Ajoutons que ce travail contient des listes de fossiles des terrains silurien, dévonien et carbonifère, indispensables à consulter pour l'étude des faunes paléozoïques dans l'ouest de la France.

Dans le tome IIe du *Bulletin de la Société de l'Industrie de la Mayenne* on trouve quelques notes géologiques sur le département publiées à l'occasion de la réunion de l'Institut des provinces de France ; M. Guéranger [**24**] y signale, à Thévalles, près Laval, l'existence d'un « banc de terrain « d'eau douce caractérisé par des paludines, des lymnées, et « quelques graines de chara. »

« Ainsi qu'au Mans, ajoute-t-il, ce terrain repose sur un « sable blanc qui représente l'assise supérieure, du grès dit « de Fontainebleau, et est recouvert par une alluvion qui « renferme un grand nombre de galets quartzeux. »

« Sous le rapport minéralogique, ce petit dépôt se com- « pose d'argile, de calcaire, et renferme des veines minces « de manganèse et de fer (p. 59). »

A la suite du renseignement intéressant fourni par M. Guéranger, nous trouvons un rapport de M. Jacob [**25**], où l'imagination a une large part, et pour la rédaction duquel l'auteur fut loin de mettre à profit les faits acquis par la science à cette époque.

C'est ainsi qu'il signale dans les grès situés sur les bords du Vicoin, entre Saint-Berthevin et le Moulin-aux-Moines, « les stries qui sillonnent l'intérieur d'une caverne » et qui « sont dues à la fonte des glaces qui, jadis, recouvraient « cette montagne. » L'auteur fait allusion à des filons de quartz qui sont venus remplir les vides et mouler les parois des nombreuses diaclases qui traversent ces grès.

Enfin, sur la route de Laval à Saint-Jean, il indique l'existence de stéatite et de schistes très fossilifères ; il appelle aussi l'attention sur les nombreux fossiles du calcaire de Saint-Jean et de Saint-Germain et accompagne ces indications de descriptions fantaisistes et de déterminations erronées.

Dans le même volume, M. Renouf, ingénieur des mines, donne un notice [**26**] sur les anthracites de la Sarthe et de la Mayenne, dans laquelle on trouve quelques indications intéressantes sur l'allure générale des couches de charbon ainsi que sur l'exploitation et l'avenir des mines du département.

Le profil en long du chemin de fer de Paris à Brest par M. Triger [**31**] et les quatre coupes transversales données pour le département de la Mayenne, vinrent, pour la première fois, jeter quelque lumière sur l'âge et la structure des couches. Ce travail ayant un caractère très général, on ne doit donc pas y chercher une exactitude rigoureuse dans les détails.

En 1869, M. le docteur Mahier publia un travail intitulé : *Recherches hydrologiques sur l'arrondissement de Château-Gontier* [**38**]. Les renseignements géologiques sont, pour la plupart, empruntés à Blavier, et la carte géologique annexée au volume n'est qu'une reproduction, sans modifications sérieuses, d'une partie de la carte du département publiée en 1837 par Blavier.

Antérieurement à 1873, les travaux sur le département de la Mayenne sont rares, cette région semble délaissée par les géologues; mais à partir de cette époque, les études deviennent plus précises et les publications plus nombreuses.

A la suite de découvertes d'ossements faites par M. Perrot, à Sainte-Suzanne et par nous à Louverné, M. Gaudry publia d'abord à l'Institut [**40**], et à la Société géologique [**41**] deux notes sur les animaux quaternaires de la Mayenne; puis les matériaux devenant plus nombreux présentèrent bientôt assez d'intérêt pour engager le savant professeur à publier un travail spécial sur ces gisements [**46**].

MM. de Tromelin et Lebesconte, soit séparément, soit en collaboration, donnèrent à cette époque, sur les terrains paléozoïques de l'ouest, une série d'études, parmi lesquelles nous signalerons leurs recherches sur les schistes ardoisiers de Renazé [**42**], sur la faune des schistes d'Andouillé [**48**], et enfin sur les grès siluriens du sud-ouest du département de la Mayenne. Ces mêmes grès ont été l'objet de recherches intéressantes de la part de M. Davy [**67**], qui a donné une carte géologique de l'arrondissement de Segré, comprenant une partie de l'arrondissement de Château-Gontier.

M. Delage, dans ses travaux sur l'Ille-et-Vilaine, franchit parfois les limites du département et s'occupe des parties limitrophes de la Mayenne. [**49, 52**]. Nous-même, nous avons, dans plusieurs publications, [**54, 60, 70, 75**], apporté des matériaux pour l'étude des faunes paléozoïques, en figurant certaines formes peu connues et en publiant des espèces nouvelles; nous avons aussi déterminé l'âge exact de certains calcaires [**65**], et démontré l'existence du silurien moyen et supérieur dans différentes parties du département [**74**].

L'étude des flores paléozoïques n'a point été non plus négligée. M. Grand-Eury, dans sa belle étude de la Flore carbonifère du bassin de la Loire [**53**], a jeté un coup d'œil sur les autres formations carbonifères et a indiqué le niveau auquel doivent être placés les dépôts d'anthracite et de houille du département de la Mayenne et de la Sarthe. M. Zeiller a publié et figuré quelques espèces provenant de Saint-Pierre-la-Cour [**44, 61**], et M. Crié a retracé à grands traits l'aspect de cette végétation à l'époque houillère [**62**].

Enfin, tout récemment M. Dorlhac a publié, sur l'âge des combustibles de la Sarthe et de la Mayenne [**69**], une note intéressante dans laquelle il adopte et reproduit les classifications de MM. de Verneuil et Grand-Eury; il fait seulement une exception pour le dépôt de L'Huisserie-Montigné, et de plus, il subdivise en trois étages minéralogiques les anthracites supérieurs au calcaire carbonifère de La Bazouge et de Sablé.

Tous ces ouvrages, publiés depuis dix ans, présentent un réel intérêt : nous les avons cités ici rapidement, réservant, pour le cours de cette étude, l'analyse ou la discussion des opinions émises par les auteurs.

OROGRAPHIE

Le département de la Mayenne fait partie d'une région qui présente une remarquable identité de caractère dans sa constitution géologique et dans sa configuration physique, et que les géologues ont appelée *massif breton*.

Le *massif breton*, outre les cinq départements de la Bretagne, comprend encore ceux de la Mayenne et de la Manche, la partie occidentale du Calvados, de l'Orne, de la Sarthe, de Maine-et-Loire, et enfin le nord de la Vendée et des Deux-Sèvres. Il est presque exclusivement constitué par des roches ignées, des roches cristallines et des terrains anciens ou paléozoïques; les époques plus récentes n'y sont représentées que par quelques lambeaux isolés des terrains tertiaire et quaternaire.

Les collines qui sillonnent cette région sont très nombreuses, longues et étroites, et n'atteignent que rarement une hauteur supérieure à 360 mètres au-dessus du niveau de la mer. Ces reliefs, d'ailleurs peu accusés lors de leur formation, ont été encore amoindris par le temps et nivelés par les actions diluviennes.

Si l'on jette les yeux sur la carte géologique de France de Dufrénoy et Élie de Beaumont, on voit que le massif breton est limité à l'est par une ligne brisée, sensiblement N.-S., allant de Caen à Alençon et de là, à Angers et à Parthenay; cette ligne qui limite les dépôts paléozoïques, indique la direction des falaises contre lesquelles se sont déposées les formations des mers jurassique et crétacée, qui n'ont pas pénétré dans la presqu'île armoricaine.

Nous rappellerons brièvement la description que Puillon-Boblaye a donnée de cette région (1).

---

(1) Puillon-Boblay, 1827, *Mém. du Muséum*, t. XV.

La structure de la Bretagne consiste en deux vastes arêtes, séparées par une vallée longitudinale ou bassin intérieur qui se prolonge depuis la rade de Brest jusqu'à la limite orientale du massif breton. L'arête septentrionale est constituée par les roches granitiques et dioritiques formant une ligne E.-O., qui se dirige d'Alençon à Brest, par Lassay, Mayenne, Gorron, Ernée, Fougères, Dinant et Saint-Brieuc; elle laisse au nord le département de la Manche et celui de l'Orne, correspond à la ligne de partage des eaux et court parallèlement au littoral nord de la Bretagne. L'arête située au sud a une direction oblique par rapport à la première et suit le côté méridional de la Bretagne en allant de Brest à Parthenay et en passant par Vannes et Nantes. Cette chaîne granitique est connue sous le nom de *sillon de Bretagne*.

Ces deux arêtes tendent à se rejoindre à la limite Est du département du Finistère et donnent ainsi naissance à deux bassins : l'un occupant la région occidentale, qui porte le nom de *bassin du Finistère;* l'autre, appelé *bassin de Rennes*, comprend la partie située entre les lignes divergentes formées par ces deux arêtes; citons enfin un troisième bassin, *celui de la Manche*, qui se trouve au nord de la ligne granitique allant d'Alençon à Brest, et qui renferme le département de la Manche, ainsi qu'une partie de ceux de l'Orne et du Calvados.

Le département de la Mayenne divisé en trois arrondissements dépend pour la plus grande partie du bassin de Rennes ; en effet, tandis que l'arrondissement de Mayenne fait partie intégrante de la bande granitique septentrionale, les deux autres arrondissements, ceux de Laval et de Château-Gontier, présentent au contraire, les caractères constitutifs du bassin de Rennes et sont, comme lui, presque exclusivement formés de couches appartenant aux terrains primaires. Ces couches, soulevées et comprimées du nord au sud par suite de l'apparition de roches ignées forment une série de plis et d'ondulations ayant une direction générale N.-O.-S.-E., et qui vont en s'épanouissant du côté oriental ; de ce côté les roches étant moins resserrées par suite de l'écartement des deux arêtes, sont par suite moins bouleversées que dans la partie occidentale ; c'est donc dans cette région que leur étude est le plus facile et que les coupes sont le plus instructives.

Cette disposition donne une forme triangulaire au *bassin de Rennes*, dont la surface se trouve elle-même répartie en deux sections inégales, séparées longitudinalement par une série de bandes de grès.

Au nord, non loin du granit, et parfois en contact avec lui, on observe de longues crêtes saillantes, arides, constituées par les plissements du grès silurien et qui produisent dans l'Ille-et-Vilaine les collines de la forêt de Sévailles, celles de Saint-Aubin-du-Cormier à Combourtillé, et enfin les hauteurs de Châtillon, de Montautour, de Princé et du bois de Châtenais, entre Juvigné et la Croixille. Ces bandes de grès se retrouvent dans la Mayenne à Andouillé, au camp français, au sud de Montflours et à Montsurs ; ce sont elles encore qui forment les hauteurs de Sainte-Suzanne et les crêtes de la forêt de la Charnie.

Plus au sud, les grès siluriens constituent une série de collines parallèles, qui sont également le résultat de plissements, et qui occupent une partie de l'arrondissement de Château-Gontier, ainsi que le nord du département de Maine-et-Loire : leur place et leur direction sont très visibles sur les cartes topographiques de cette région. Citons en particulier les collines de Saint-Aignan-sur-Roë à Châteauneuf-sur-Sarthe, celles de Senonnes à Juvardeil, celles de Pouancé à Segré, etc. Ces ondulations signalées tout d'abord d'une façon schématique par Dufrénoy (1), entre Rennes et Redon, ont été l'objet de recherches de la part de M. Davy (2), qui s'est occupé spécialement de l'étude des grès armoricains, et de M. Lebesconte, dans un travail tout récent sur le silurien du département d'Ille-et-Vilaine (3).

Entre les bandes de grès silurien situées au nord de l'ar-

---

(1) Dufrénoy. *Explic. cart. géol. de France*, t. I, p. 217.

(2) Davy. *Notice géol. sur l'arrond. de Segré*, Bul. Soc. ind. minérale. 2e série, t. IX, 1880.

(3) Lebesconte. *Bul. Soc. géol. Fr.*, 3e série, t. X, p. 55.

rondissement de Laval, et celles qui coupent obliquement le sud du département de la Mayenne, se trouve un ensemble de roches appartenant aux formations dévonienne et carbonifère et qui renferment les gisements de calcaire et de combustible de l'arrondissement de Laval. Une même série de roches se retrouve également dans le département de Maine-et-Loire, le long du fleuve de la Loire. Le bassin de Rennes est donc divisé en deux parties par un ensemble de collines formant une bissectrice, au sud et au nord de laquelle se retrouvent les mêmes dépôts dévoniens et carbonifères ; la première de ces régions à laquelle Blavier a donné le nom « d'*anthracito-calcaire,* » occupe, dans le département de la Mayenne, la plus grande partie de l'arrondissement de Laval et le nord-est de celui de Château-Gontier ; c'est elle que M. Triger a étudiée plus spécialement et qui fait l'objet principal de cette note.

Cette bande anthracito-calcaire, assez étroite à la limite de l'Ille-et-Vilaine et de la Mayenne, où elle mesure seulement douze kilomètres, va en s'élargissant vers la Sarthe, et elle atteint une largeur de vingt-six kilomètres au moment où elle disparaît sous les dépôts du terrain Jurassique ; les couches, sauf dans le voisinage des gisements de combustible, ont une allure assez régulière.

La ville de Laval qui, au point de vue topographique, occupe à peu près le centre de cette région anthracito-calcaire, l'occupe aussi au point de vue géologique. En effet, en considérant la succession des terrains d'Andouillé à Nuillé-sur-Vicoin, par exemple, on trouve depuis cette première localité jusqu'à Laval, en allant du nord au sud, les couches des terrains paléozoïques dans leur ordre régulier de succession, c'est-à-dire terrains silurien, dévonien et carbonifère. Si l'on continue à descendre de Laval à Nuillé, on rencontre ces couches en sens inverse : terrains carbonifère, dévonien et silurien. Cette répartition n'offre, toutefois, rien d'absolu, les couches plus anciennes apparaissant parfois par suite de fractures au milieu de couches plus récentes.

L'épaisseur de ces terrains paraît beaucoup plus considérable qu'elle ne l'est en réalité, par suite des nombreux plis qui ramènent plusieurs fois les mêmes bancs à la surface.

Ces ondulations donnent naissance à des collines à sommet arrondi, séparées par des vallées à pentes douces. D'autres vallées, généralement perpendiculaires aux premières, mais parfois les traversant obliquement, ont un tout autre caractère; leurs parois abruptes montrent qu'elles sont le résultat de fractures ou failles plus ou moins ouvertes, dont le fond a été peu à peu rempli par des dépôts d'alluvion formant une surface plane, généralement convertie en prairies, et au milieu de laquelle un cour d'eau a tracé son lit actuel.

Il nous suffira de citer à l'appui de cette remarque quelques exemples pris dans la carte que nous publions :

La rivière de la Mayenne, qui a une direction générale N.-S., coule dans une faille qui a coupé obliquement toutes les couches de la bande anthracito-calcaire, et dont une des lèvres, celle qui est située à l'est, s'est abaissée sur la plus grande partie de son parcours. Au sortir de la région granitique, la Mayenne, après avoir traversé les schistes et les poudingues inférieurs, vient buter contre la bande de grès armoricain de Chafenais dont elle suit un instant la direction, puis profitant d'une nouvelle fracture, elle s'infléchit brusquement et reprend son cours vers le sud en coupant cette bande de grès entre le Camp Français et le Camp Anglais; elle traverse ensuite des bandes de grès et de calcaires dévoniens qui sont plus au sud, et pendant ce dernier trajet, les collines se montrent constamment sur la rive droite. Au-delà, la Mayenne poursuit vers le sud son cours, rendu sinueux par les roches résistantes qu'elle rencontre et qui la font dévier de sa direction générale N.-S. — Dans la ville de Laval, les collines sont encore sur la rive droite, de telle sorte que les couches de calcaire et de schiste disparaissent sous des dépôts tertiaires et quaternaires.

Les affluents de la Mayenne, tels que le Vicoin, le ruisseau du Quartier, la Jouanne, l'Ouette, etc., ainsi que les affluents de la Sarthe qui arrosent notre département, c'est-à-dire la Vaiges, dans son cours supérieur, l'Erve et le Treulon, coulent aussi dans des fractures; c'est encore par suite de l'existence de failles que ces derniers cours d'eau traversent la bande de grès armoricain de Sainte-Suzanne, et les couches dévoniennes et carbonifères de Saint-Pierre-sur-Erve, de Saulges, de Chemeré, etc.

Cette remarque qui est vraie pour les cours d'eau d'une certaine importance ne peut être applicable à tous les petits ruisseaux, et quelques rivières mêmes y font exception ; il en est en effet qui ont profité de la direction et de la schistorité des bancs pour se frayer un passage. Ce fait s'observe particulièrement à l'est de l'arrondissement de Laval, dans cette région dont nous avons parlé, qui touche les confins de la Sarthe, où les bancs moins bouleversés que partout ailleurs offrent une certaine régularité dans leur direction. C'est ainsi que les ruisseaux qui viennent grossir le cours de l'Erve suivent généralement la direction des bandes calcaires ou schisteuses.

Citons enfin, en terminant cette rapide esquisse, les amas de sable ou d'argile que l'érosion a fait disparaître dans les vallées, mais qui recouvrent un grand nombre de plateaux et qui sont là comme les témoins d'un vaste dépôt dont il ne nous reste plus que des lambeaux.

SCHISTES CRISTALLINS

Gneiss et Micaschiste. — Le gneiss a été signalé par Blavier dans le nord du département de la Mayenne; il le cite dans les communes de Mayenne, de Marcillé et de la Chapelle-au-Riboul, où il forme, dit-il, « des bandes étroites qui bordent les masses granitiques (1). »

Nous ne pouvons nous prononcer sur l'existence véritable de cette roche dans les gisements indiqués, ne l'ayant pas observée en place; toutefois, nous croyons que l'auteur de la statistique géologique de la Mayenne a dû souvent la confondre avec une des roches appartenant à la série supérieure et si complexe des micaschistes (2).

---

(1) Blavier. *Statistique*, p. 21.

(2) Dans son étude sur la géologie de l'Orne, Blavier indique le gneiss comme occupant « un espace assez borné aux confins des trois départements de l'Orne, de la Sarthe et de la Mayenne, entre les massifs granitiques d'Alençon, de La Celle et celui de La Pooté (Mayenne). Dans cette localité, on voit le granit passer au gneiss par degrés insensibles et celui-ci passer à son tour au schiste talqueux et au schiste micacé. » (Blavier, *Géol. de l'Orne*, p. 283.)

TERRAINS PALÉOZOIQUES

TERRAIN SILURIEN INFÉRIEUR

(Cambrien)

Schistes mâclifères. — Blavier a désigné sous ce nom des schistes qui ne sont nullement comparables aux schistes mâclifères typiques de Bretagne. Dans cette roche, en effet, on voit de petits sphéroïdes irréguliers, de couleur brunâtre, se détachant comme des points plus foncés sur un fond moins sombre, et dont le nombre diminue d'une manière générale en s'éloignant de la masse éruptive.

Ces schistes ne présentent jamais les grandes mâcles si communes dans les véritables schistes mâclifères dont nous venons de parler : ils sont identiques à ceux de Saint-Lô ainsi qu'à ceux de Luzy (Nièvre) et correspondent à une partie des schistes de Saint-Léon (Allier), etc.

Bien que situés le plus souvent à la base des terrains paléozoïques, ils ne peuvent cependant, pas plus que les schistes mâclifères proprement dits, caractériser aucun étage en particulier ; en effet, comme on l'a démontré dans maintes localités de la Bretagne, du Cotentin et des Pyrénées, le développement des mâcles n'étant autre chose qu'un phénomène de métamorphisme dû au voisinage de roches granitiques ou porphyriques, ces cristaux peuvent apparaître dans des schistes d'âges très différents. Toutefois nous les mentionnons à cette place, parce que ce genre de modification s'observe communément à la base des phyllades cambriens.

Blavier avait observé la relation qui existe entre les schistes mâclifères et le granite, et il signale, entre Ernée et Saint-Hilaire-des-Landes, « la bande de schiste cernée au

« nord et au midi par le granit, qui, de mâclifère qu'elle est « près d'Ernée, passe insensiblement au schiste argileux « pour revenir de nouveau mâclifère en s'approchant du « granit vers le midi (1). »

La partie septentrionale du département renferme d'épaisses couches de ces schistes ; ils forment des lambeaux disséminés au milieu des masses granitiques qui constituent la bande allant de Mayenne à Brest. Parmi les nombreuses localités citées par Blavier, nous indiquerons d'après les échantillons déposés par ce géologue au musée de Laval : Vaucé, La Pellerine, Desertines, La Dorée, Pontmain, Landivy, Ernée. Nous les avons constatés dernièrement au sortir du bourg de Bais, avant l'embranchement des deux routes de Trans et d'Izé.

Nous les citerons aussi à Montflours, où ils sont traversés par des microgranulites ; cette localité est comprise dans la première bande de schiste indiquée par M. Triger au nord de sa carte.

Près de Sainte-Gemmes-le-Robert, nous avons tout récemment constaté leur présence, non loin de la ferme de la Gripassière, sur la route de Saint-Martin-de-Connée, où on les voit alterner avec une série de filons de granulite et de microgranulite qui les ont pénétrés parallèlement à la schistosité de la roche ; ce n'est autre chose qu'une modification, au contact du granite, des phyllades cambriens, inférieurs aux calcaires d'Evron, auxquels ils passent insensiblement.

Schistes argileux et lustrés. — Ces schistes connus sous les noms de phyllades de Saint-Lô et de schistes de Rennes, constituent la majeure partie du terrain cambrien et appartiennent à la même formation que les précédents, dont ils ne sont que les zônes moyenne et supérieure, celles que n'a pas atteintes l'action métamorphique. Ils représentent l'étage B. de M. Barrande.

Ces schistes généralement traversés par de nombreux filons de quartz laiteux, présentent fréquemment des couches

(1) Blavier. *Statistique*, p. 98.

de poudingue, auxquelles viennent parfois s'ajouter des bancs de grès sombre et de calcaire ; ces derniers ayant parfois une importance considérable, ainsi que nous le verrons dans la partie orientale du département.

Dans le nord du département, les schistes argileux et lustrés existent dans presque toutes les localités où nous avons signalé des schistes mâclifères. Ils doivent aussi entrer pour une large part dans la constitution géologique de l'arrondissement de Château-Gontier.

Ces schistes présentent de nombreuses modifications de texture et de couleur : parfois ils se séparent en larges dalles ; plus souvent ils se divisent en petites plaquettes et deviennent même quelquefois assez fissiles pour pouvoir être exploités comme ardoises, ainsi qu'on l'observe à Parennes (Sarthe), près des limites du département de la Mayenne. Leur coloration ordinairement terne, est grise, verte ou brunâtre.

M. Delage adoptant les vues de M. Massieu, a cru devoir diviser ces schistes en deux séries : l'une plus ancienne qu'il réunit aux schistes micacés pour former le terrain cambrien, l'autre plus récente, représentée par les schistes de Rennes proprement dits, et constituant la base du système silurien.

D'après cet auteur, c'est au premier de ces deux systèmes qu'appartiennent les schistes de Saint-Pierre-des-Landes, au nord des grès de Juvigné. La seconde série est signalée par lui à Saint-Cyr-le-Gravelais et tout autour du massif granitique du Pertre ; on les suit plus à l'ouest sous la forme d'une large bande qui se dirige vers Rennes.

Cette division nous paraît arbitraire, et nous croyons devoir nous rattacher à l'opinion de MM. Tromelin et Lebesconte qui regardent ces schistes, dans lesquels ont peut établir, il est vrai, des subdivisions, comme formant un ensemble qui constitue un des étages du terrain silurien inférieur.

Dans un récent travail (1), M. Lebesconte subdivise cet étage en trois assises d'après les différentes colorations ; ce

(1) Lebesconte. *Silur. de l'Ille-et-Vilaine*, Bul. Soc. géol. Fr., 3e série, t. X, 1881, p. 56.

sont, en allant de bas en haut : 1° Schistes verdâtres terreux ; 2° Schistes roses ; 3° Schistes verts à grandes dalles. Au milieu de ces chistes, sont intercalés dans les trois assises des bancs de grès sombre, de poudingues et de calcaires siliceux. Ces derniers sont souvent traversés par des filons de quartz laiteux.

La faune est peu nombreuse, on n'a signalé jusqu'ici que quelques rares empreintes rapportées au genre *Oldhamia* et qui ont été désignées sous le nom d'*Oldhamia gigantea Trom. et Lebes.*, à cause de leur taille gigantesque, ainsi que des traces attribuées à des annélides, *Arenicola Kenta?*

Il serait intéressant de retrouver ces espèces dans le département de la Mayenne où le terrain cambrien présente un si grand développement ; nous sommes convaincu que des recherches attentives viendront y démontrer tôt ou tard la présence de ces formes qui ont été signalées en Normandie comme en Bretagne.

Outre les localités de Saint-Pierre-des-Landes et de Saint-Cyr-le-Gravelais, que nous avons déjà citées, nous mentionnerons la présence des schistes cambriens à l'est du département, dans les communes de Saint-Germain de Coulamer, de Courcité, etc. ; ils s'étendent jusqu'au delà de Vilaines. Au nord d'Evron, entre cette ville et Sainte-Gemmes-le-Robert, ces schistes ont également une grande épaisseur.

Dans la carte que nous éditons, la bande de schiste qui s'appuie au nord sur le granite et qui passe au sud des bourgs d'Andouillé et de Montflours, appartient à cet étage. Le long de cette bande on remarque parfois des blocs de quartz assez volumineux qui émergent du sol (Route d'Andouillé et Saint-Jean). Plus à l'est, en descendant le chemin de Montflours au gué de l'Ame, on retrouve ces schistes avec intercalation de bancs de poudingue.

Enfin nous citerons les mêmes roches au nord et au sud de Gesnes de chaque côté d'une bande de calcaire magnésien, ainsi qu'à Viviers et à Torcé où il existe également une épaisse bande de calcaire intercalée au milieu d'eux. Ce système se poursuit dans la Sarthe où il forme, d'après M. Guillier, un ensemble « présentant à sa base un ou plu-

« sieurs bancs de poudingue à pâte schisteuse, avec galets « ou grains de quartz et de grauwake; et, au-dessus des « schistes et grauwakes avec amandes ou bancs de calcaire « plus ou moins magnésien et de dolomie (1).

Calcaires magnésiens. — Ces calcaires, intercalés au milieu des schistes cambriens, étant parfois très développés et donnant lieu à de nombreuses exploitations, il nous paraît utile d'en dire ici quelques mots. L'ensemble du terrain occupé par ces couches calcaires présente, ainsi que l'avait remarqué Blavier, « une forme triangulaire : la base « étant prise sur la limite du département, de Torcé à Saint- « Martin-de-Connée, le sommet serait à Montsurs ou à « Gennes. Il s'appuierait au midi sur la bande de quartz- « grenu (grès armoricain) de Sainte-Suzanne à Montsurs ; « et, au nord, il serait limité par les syénites de Brée, les « roches talco-feldspathiques du bois de Crun, de St-Martin- « de-Connée, etc. (2) »

Dans les affleurements de Gesnes, de Montsurs, de Brée et de Neau, les couches de calcaire ont une direction générale O.-E., tandis que dans la région orientale, c'est-à-dire au delà d'Évron, les quatre bandes calcaires qu'on y observe ont des directions différentes : les deux bandes externes divergeant à partir d'un point situé à l'est d'Evron.

La plus septentrionale de ces bandes a une direction S.-O.-N.-E., et traverse les localités d'Assé, Saint-Georges, Vimarcé, Saint-Pierre-sur-Orthe, et passe au sud du Mont-Saint-Jean, dans la Sarthe.

La bande méridionale, dont la direction est au contraire N.-O.-S.-E., passe à Torcé où elle est très importante ; sa largeur diminue considérablement en entrant dans le département de la Sarthe. Près de Torcé, ce calcaire a donné lieu à une exploitation de marbre, près du lieu dit la Mare à Catherine ; il fournissait un très beau marbre noir bréchoïde avec des veines jaunes.

(1) Guillier. *Lingules du grès armoric. de la Sarthe*, Bul. Soc. géol. Fr., 3e série, t. IX, 1881, p. 373.
(2) Blavier, *Statistique*, p. 73.

Au milieu de ces deux bandes, il en existe deux autres plus petites, rapprochées, gardant toujours entre elles à peu près la même distance; l'une d'elles passe à Sillé et à Rouessé (Sarthe), l'autre traverse Saint-Rémy-de-Sillé et le Château-de-Vassé. Ces deux bandes pénètrent dans le département de la Mayenne en se dirigeant vers Voutré avec une direction générale O.-E.

Ces calcaires, qui, ainsi qu'on le voit, s'étendent sur une longueur considérable, ont été séparés par la chaîne des Coëvrons; on les retrouve, en effet, de chaque côté de cette arête, présentant partout des modifications qui ont été très probablement produites par l'apparition des roches éruptives qui constituent cette chaîne.

Ainsi que l'avait observé Blavier, leur texture est cristalline et un peu grenue; ils sont beaucoup plus durs que les autres terrains et deviennent parfois saccharoïdes. Dans le voisinage des Coëvrons, leur couleur est d'un blanc jaunâtre, tandis que près de Torcé, leur coloration est d'un bleu très foncé.

Ces calcaires sont employés pour la fabrication de la chaux; sur certains points, renfermant plus de magnésie, ils ont donné lieu à des exploitations ayant pour but d'extraire cette substance.

Les calcaires magnésiens ne renfermant pas de fossiles, c'est seulement à l'aide d'observations stratigraphiques que l'on peut fixer leur place dans la série des terrains. Dans une note publiée en 1880, nous avons rappelé les différentes opinions émises relativement à l'âge de ces couches (1).

Blavier (2) les avait classées dans le terrain de « *transition ancien* », c'est-à-dire à la tête, par ordre « d'ancienneté, des terrains sédimentaires, » avec les schistes argileux, micacés et mâclifères, ce qui équivaut au terrain cambrien. En 1863, M. Triger, dans la coupe du chemin de fer de Paris à Brest, indiqua les calcaires de Voutré, d'Évron et de Montsurs

(1) D. Œhlert. *Calc. de Saint-Roch*, Bul. Soc. géol., 3e série, t. VIII, p. 270, 1880.

(2) Blavier. *Statistique*, p. 102.

comme appartenant au terrain silurien, sans préciser l'étage. M. Guillier (*Profil géol. des routes de la Sarthe*, route départ. n° 5), les considère comme cambriens et distingue des bandes magnésiennes et des bandes dolomitiques : celles-ci étant supérieures aux premières dont elles sont séparées par des schistes. En 1877, MM. de Tromelin et Lebesconte citèrent dans une première note (1), les calcaires magnésiens d'Évron comme devant être attribués au cambrien, ainsi que ceux de Sillé et de Neuvillette (Sarthe), et ceux de Bahais, La Meauffe, Tessy (Manche). Quelques mois plus tard, l'un de ces auteurs (2) fit paraître une nouvelle publication dans laquelle il émit l'opinion que ces mêmes calcaires de Bahais, La Meauffe, Tessy, devaient être très probablement rapportés au terrain carbonifère et non au terrain cambrien, et d'après une note manuscrite, nous vîmes qu'il pensait de même de ceux d'Évron. A cette époque, ne connaissant pas la région où se trouvent ces calcaires, nous n'avions pu prendre part à la discussion. Ayant visité, depuis, quelques-unes des localités en question, nous nous sommes ralliés à l'opinion de M. Guillier, qui considère les calcaires magnésiens comme étant intercalés dans les phyllades et les grauwackes cambriens.

Schistes lie-de-vin et poudingues pourprés. — Au-dessus des schistes de Rennes (ou phyllades de Saint-Lô), auxquels ils se relient intimement, on observe en Bretagne et en Normandie, des schistes rouges ou lie-de-vin, qui les surmontent en stratification concordante, sauf en quelques points du Cotentin (Butte de Clécy). Ces schistes, dont les surfaces sont ondulées et bosselées, renferment comme les précédents, au milieu de leurs couches, des intercalations de grès sombres et de poudingues qui sont souvent pourprés, (Calvados, Cotentin). On y remarque des empreintes connues sous le nom de *Tigillites* et de

(1) De Tromelin et Lebesconte. *Bul. Soc. géol. Fr.*, 1873, 3e série, t. IV.
(2) De Tromelin. *Assoc. Scient. p. avanc. des Sciences*, Havre, 1877, p. 500.

Vexillum, (Tigillites linearis, Hall. = *Vexillum Desglandei,* Rouault) (1).

La faune primordiale, comme on sait, n'a pas été signalée dans la Bretagne, si elle doit y être trouvée, c'est à ce niveau qu'on la rencontrera. Du reste, les schistes des Asturies où cette faune a été constatée, et qui contiennent *Paradoxides, Conocephalites, Trocystites, Lingula,* présentent, d'après M. Barrois, les mêmes caractères lithologiques que ceux de Douarnenez (2).

Les *schistes à Olenus* qui constituent un horizon supérieur aux *schistes à Paradoxides* et qui n'existent pas en Bohême, sont au contraire représentés en Bretagne, et M. Barrois (3) a observé dans les schistes lie-de-vin du cap de la Chèvre, des débris d'Olenus, ainsi que des Lamellibranches. Ces roches qui alternent avec les schistes verts et qui contiennent des bancs de coticule (pierre à rasoir), paraissent, à ce géologue, être l'équivalent du système salmien des Ardennes.

Les schistes rouges manquent sur un grand nombre de points dans la Mayenne; Dalimier, en décrivant ceux de Pont-Réan avait déjà signalé ce fait (4).

Nous les connaissons seulement à la limite du département de la Mayenne et de celui de la Sarthe où ils passent insensiblement au grès armoricain qui les surmonte ; au contact de celui-ci on les voit alterner avec des bancs à *Tigillites* et à *Lingules.*

M. Lebesconte nous a signalé dernièrement l'existence des schistes lie-de-vin à Saint-Aignan-sur-Roë, au contact des grès armoricains.

---

(1) 1881, Lebesconte. *Sil. de l'Ille-et-Vilaine*, Bulletin Soc. géol. Fr., 3e série, t. X, p. 60.

(2) Barrois. *An. Soc. géol. Nord,* t. IV, p. 299.

(3) Barrois in Lapparent. *Traité de Géologie,* p. 670.

(4) Dalimier. *Bul. Soc. géol. Fr.*, 2e série, t. XX, 1862, p. 242.

TERRAIN SILURIEN MOYEN

Le terrain silurien moyen est caractérisé par des couches très puissantes de grès et de schiste, formant des alternances dans lesquelles on a établi, à juste titre, des subdivisions basées sur la différence des faunes. Aucun dépôt calcaire n'a été signalé dans ce terrain.

Grès armoricain. — A la base du terrain silurien moyen on trouve une puissante assise de grès à laquelle on a donné divers noms : grès à *Scolithus*, grès à *Bilobites*, grès armoricain, etc. Nous adopterons de préférence ce dernier parce qu'il est démontré que des traces analogues aux Scolithus et aux Bilobites se retrouvent dans des grès d'époque plus récente.

Blavier confondit sous un même nom les différentes bandes de grès du département de la Mayenne; sous le terme général de *Groupe de quartz-grenu*, il réunit en effet tous les grès, depuis ceux du silurien jusqu'aux grès « en contact avec l'anthracite (1). »

Pour cet auteur, le quartz-grenu ainsi compris formait deux bandes. « La bande du sud, dit-il, traverse le départe- « ment de part en part, depuis la grande Charnie à l'est, « jusqu'à la commune de Bourgon, limitrophe d'Ille-et- « Vilaine, en passant par Sainte-Suzanne, Saint-Céneré et « la Baconnière. Dans le voisinage de la Baconnière, elle « se bifurque et jette un rameau qui suit la forêt de Mayenne, « en prenant une direction telle que, prolongé, il irait « rejoindre la seconde grande bande qui, du bois de Vaux, « près Mayenne, va passer à travers les communes de « Loupfougères et de Crennes, et longe la forêt de Pail, et « là se divise en deux branches qui embrassent le massif « granitique de Boulay, Champhremont et La Pooté (2). »

---

(1) Blavier. *Statistique*, pp. 31-33.
(2) Blavier. *Statistique*, p. 63.

Dans la première bande, Blavier confond les grès armoricains qui existent dans la grande Charnie et à Sainte-Suzanne avec d'autres couches plus récentes, reconnues plus tard comme dévoniennes et qui se montrent à Saint-Céneré, La Baconnière et Bourgon. D'un autre côté, ainsi que nous le verrons plus loin, il a détaché de ce groupe du quartzite, certains grès qui en diffèrent un peu sous le rapport minéralogique, et qui, d'après lui, étaient de formation récente et devaient être considérés comme tertiaires. Ces grès qui contiennent l'Orthis Monnieri forment la base du terrain dévonien.

La description de la seconde bande et de la bifurcation de la première renferme moins d'erreurs : ce sont en effet des grès armoricains qui se trouvent à Chailland où Blavier les indique comme étant soulevés par le granite (1).

Nous avons nous-même constaté la présence de ces grès entre Hardanges et le Ham où ils forment des replis plusieurs fois répétés dont la hauteur peut s'élever jusqu'à 328 mètres (2). Sur la route d'Hardanges au Ribay, ils sont exploités au lieu dit le Haut-Bois, pour l'empierrement des routes ; M. Montagu, instituteur à Hardanges, nous a communiqué, de cette localité, des échantillons de grès présentant des Tubulures analogues aux Tigillites, mais qu'il nous est actuellement impossible de rattacher à aucune des formes connues.

A l'est de La Baconnière, sur les bords de l'Ernée, il existe une bande de grès en contact avec le granite, qui est indiquée sur la carte. Cette bande, considérée par M. Triger comme appartenant au terrain dévonien (3), doit être placée beaucoup plus bas dans la série paléozoïque et doit être attribuée au grès armoricain. On la retrouve, en effet, à la butte de Bel-Air (Andouillé), supportant les schistes ardoisiers à *Calymene Tristani*, et contenant quelques lamelli-

---

(1) Blavier. *Soc. cit.*, p. 50, pl. II, fig. 1 et 2.

(2) Œhlert. *Bul. Soc. géol. Fr.*, 3e série, t. X, 1882.

(3) Triger. *Chemin de fer de Paris à Brest*, Coupe d'Andouillé à Saint-Berthevin.

branches qui appartiennent aux genres *Lyrodesma, Modiolopsis* et *Orthonota*, que nous n'avons pu déterminer spécifiquement, vu leur mauvais état de conservation. Plus à l'ouest, dans le bois d'Orange, on voit ces mêmes grès plonger de 45° S. avec une direction N. 110° O.; ils ont en ce point, l'aspect du grès armoricain typique, c'est-à-dire se présentent en bancs compacts, épais de $0^{m}60$ à $0^{m}80$, et séparés par de petits lits de schiste un peu micacé.

Sur le bord de la Mayenne, dans la butte du Camp Français, on a creusé différentes carrières où l'on exploite le grès armoricain. Nous y avons rencontré quelques *Vexillum*, des traces assez nombreuses d'*Annélides*, et surtout des *Bilobites*, parmi lesquels nous citerons le *Cruziana Lyelli*, Rouault, sp., qui ne présente pas de stries sur les lobes.

Ainsi que M. Munier-Chalmas l'a fait observer et démontré dans une réunion tenue au Laboratoire de géologie, lors de la réunion du Congrès international de géologie en 1878, les Bilobites s'observent toujours à la partie inférieure des bancs de grès, et en contact avec un banc d'argile qui a servi de moule pour conserver les traces laissées par des vers, des crustacés ou d'autres animaux; ces bilobites, qui sont un contre-moulage, fournissent donc un précieux renseignement au géologue qui, avec l'aide de ces empreintes, peut reconnaître si les couches se présentent dans l'ordre régulier de leur dépôt ou s'il y a eu renversement.

Sur le bord de la ligne de Paris à Brest, à un kilomètre ouest de Montsurs, ce même grès est exploité pour le macadam. Dans la partie inférieure, nous avons rencontré des traces d'Annélides et le *Cruziana Lyelli;* en se rapprochant de la partie supérieure nous avons recueilli de nombreuses empreintes de *Cruz. furcifera* d'Orb. et de *Cr. goldfussi*, Rouault, sp. Au-dessus des bancs de grès compacts, se trouve un poudingue, dont les éléments ont souvent disparu et des grès en couches minces dans lesquels nous avons reconnu *Lingula Lesueuri*, Rouault. Enfin dans la même localité, le grès armoricain se termine par des couches à *Lingules*, où nous avons constaté la présence du *Dinobolus Brimonti* qui, très abondant sur certains points de la Bretagne et de la Normandie, n'a pas encore été signalé dans la Sarthe. Le grès de Montsûrs, comme celui d'Andouillé, avait été attribué par M. Triger au terrain dévonien (1).

Cette bande de grès armoricain, qui n'est point indiquée sur tout son parcours dans la carte Triger, se retrouve à Sainte-Suzanne où elle forme le promontoire si pittoresque sur lequel est située cette ville, puis elle constitue la crête qu'occupent les forêts de la Grande et de la Petite-Charnie, et s'étend jusqu'à la forge de Moncor. « Dans certains cas, « le quartz, dit Blavier, est plutôt compact que grenu et « semble même parfois passer au pétrosilex (près Sainte- « Suzanne) (2). »

Ce fait est signalé dans la carte Triger par une bande rose située au sud de Sainte-Suzanne.

Sur d'autres points ces grès sont parfois très ferrugineux et présentent, intercalées au milieu d'eux, des couches de fer qui ont donné lieu à différentes exploitations pour la forge de Moncor. Ces exploitations, abandonnées depuis de longues années, ont existé principalement au Coin des Haies, et aux environs de la Mancellière dans la commune de Blandouet, où l'on voit encore de nombreuses excavations, qui, par suite de leur importance, sont indiquées sur la carte de l'État-Major. Il ne faut du reste pas confondre ces gisements avec des dépôts superficiels qui se trouvent dans des poches généralement situées sur la crête des bancs calcaires et qui appartiennent à la formation sidérolitique. Nous en dirons quelques mots en traitant des dépôts de l'époque tertiaire.

M. Blavier avait remarqué cette différence des gisements ferrugineux de la Mayenne, et dans son *Essai minéralogique,* il indique les minerais de Monfaucon et de Blandouet comme étant dans une « position géologique spéciale. En « effet, dit-il, ce ne sont plus ici des masses ou rognons « irrégulièrement déposés au milieu de l'argile, mais bien « des masses horizontales ou peu inclinées, d'épaisseur assez

(1) Triger. Coupe de Paris à Brest. Coupe transversale de Gesnes à Argentré.

(2) Blavier. *Statist.*, p. 63.

« constante, s'exploitant généralement à l'aide de petits « puits verticaux, à la profondeur de 20 à 25 mètres du « jour (1). »

Ces couches, comme celles du calcaire magnésien de Viviers, ont une tendance à s'amincir en pénétrant dans le département de la Sarthe.

Plus au nord, le grès armoricain se retrouve sur la crête et sur le flanc septentrional des hauteurs de la forêt de Sillé et dans le bois de Courtalieru, dans la Mayenne.

Enfin, dans le sud du département on trouve indiquées, sur la carte géologique de Blavier, quatre bandes de quartz-grenu parmi lesquelles il en est qui doivent être attribuées au grès armoricain. Ces mêmes bandes sont marquées sous une forme un peu différente, mais moins vraisemblable, dans la carte du docteur Mahier (2) ; elles se poursuivent dans le département de Maine-et-Loire et font ainsi partie de l'ensemble de la région étudiée par M. Davy (3).

Les différentes bandes de grès qui, venant du département d'Ille-et-Vilaine, traversent obliquement le sud-ouest de la Mayenne et se poursuivent dans le Maine-et-Loire, ont aussi été l'objet d'une note récente de M. Lebesconte (4). Nous empruntons à ces deux travaux les renseignements qui concernent notre département.

Au nord de Renazé passe une bande de grès armoricain qui a été signalée par M. Lebesconte dans la forêt de la Guerche et qu'il a reconnue à Saint-Aignan-sur-Roë ; elle se poursuit ainsi sur plus de 50 kilomètres et se dirige à l'est vers Saint-Quentin, Saint-Sauveur-de-Flée, les Anges et Châteauneuf-sur-Sarthe. M. Davy a signalé une autre bande qu'il considère comme appartenant au même âge. Elle est située au sud de Chemazé, passe à Bourg-Philippe et aux Forges, puis, traversant la rivière de la Mayenne à Gouby,

---

(1) Blavier. *Statistique*, p. 88-93.

(2) Mahier. *Recherches hydrologiques sur l'arrondissement de Château-Gontier.*

(3) Davy. *Notice géologique sur Segré.*

(4) Lebesconte. *Bul. Soc. géol. Fr.* 3e série, t. X, p. 55.

au sud du Ménil, est visible à Daon, et se dirige vers Sœurdres et Contigné.

Ces grès qui sont souvent exploités pour l'empierrement des routes, présentent parfois des couches de minerai de fer, qui, dans le Maine-et-Loire sont, d'après M. Davy, intercalées sous forme de strates dans le grès armoricain et non superposées à celui-ci, c'est-à-dire situées à la base des schistes ardoisiers.

Dans les deux bandes que nous avons signalées dans le département de la Mayenne, plusieurs gisements de cette nature ont été reconnus et exploités. Nous citerons d'abord les Ecrennes, à la limite du département entre Craon et Pouancé, où l'on fit des recherches dès 1150 (1) ; ensuite les exploitations de Bourg-Philippe et des Forges, au sud de Chemazé, et enfin l'exploitation des Anges près Saint-Quentin.

Dans le massif breton, le grès armoricain est surmonté de dépôts de schistes argileux très importants auxquels appartient la plus grande partie des gisements d'ardoises de l'ouest de la France (2).

Cet ensemble, par suite des différences de faunes dont la superposition a été observée dans plusieurs localités, et par suite de l'existence d'une assise de grès intercalée au milieu de ces schistes, a été subdivisé en trois étages :

3. — Schistes ardoisiers supérieurs à *Trinucleus*.
2. — Grès de May.
1. — Schistes ardoisiers inférieurs à *Calymene Tristani*.

Schistes ardoisiers inférieurs, à Calymene Tristani. — Certains géologues ont aussi admis des différences d'âges dans les schistes ardoisiers inférieurs, d'après les différents facies qu'ils présentent; les différences minéra-

---

(1) Menière. *Bul. Acad. Angers*, 1877.

(2) Nous citerons cependant quelques exceptions. Telles sont les ardoisières de Parennes (Sarthe), qui sont ouvertes dans des schistes cambriens et celles de Châteaulin (Finistère), que M. Guillier a démontré devoir être rapportées au terrain dévonien.

logiques et la présence ou l'absence de certaines espèces ont servi à établir cette classification.

En général ces schistes présentent une coloration bleu foncé ou noire, plus rarement brune ou jaunâtre ; ils sont ordinairement un peu micacés, pyriteux et très fissiles, se divisant parfois en tout petits fragments ; dans d'autres cas, ils sont compacts comme à Vitré, ou renferment des nodules argilo-siliceux contenant des fossiles, comme dans les gisements de Bain (Ille-et-Vilaine), la Hunaudière (Maine-et-Loire), de Domfront (Orne), de Saint-Denis-d'Orques à la limite de la Sarthe et de la Mayenne, et d'Hardanges (Mayenne). A Andouillé, au contraire, les nodules manquent et les fossiles qui sont très abondants se trouvent dans de minces feuillets de schistes.

Nous décrirons successivement les divers facies de cet étage.

Les schistes ardoisiers de Vitré pénètrent dans la Mayenne, d'après M. Delage, au sud-est de Juvigné (1). La faune de ces schistes a été publiée en partie en 1851, par Marie Rouault, mais les descriptions souvent très courtes, ne sont pas accompagnées de figures, ce qui rend les déterminations difficiles. Parmi les espèces caractéristiques nous citerons :

Calymene Salteri Rouault.
Dalmanites macrophthalmus Rou. sp.
Placoparia Tourneminei Rou.
Redonia Deshayesiana Rou.
— *Duvaliana* Rou.
Orthis Berthoisi Rou.
— *Filiceræi* Rou.
Calyx Sedgwicki Rou.

auxquelles il faut ajouter d'autres espèces signalées depuis et parmi lesquelles nous citerons :

(1) Delage, 1877. *Stratigr. des ter. prim. dans l'Ille-et-Vilaine*, in-4°, carte n° 4.

Dalmanites Dufouri Trom. et Lebesc.
Cheirurus claviger Beyr.
Ribeiria pholadiformis Sharpe.
Arca Naranjoana de Vern. Bar.
Protaster Verneuili Trom. et Lebesc.
Echinosphœrites Murchisoni Vern. Bar.

L'*Orthis filicœrei* qui est le fossile le plus abondant de cette localité, a été rapproché par MM. de Tromelin et Lebesconte de l'*Orthis* de May. Nous doutons beaucoup, pour notre part, que ces deux espèces soient identiques ; du reste, ainsi que le font observer les auteurs, les exemplaires de Vitré sont généralement très déformés ce qui rend difficile une comparaison minutieuse.

Les couches de schistes à nodules siliceux, considérées par quelques auteurs comme supérieures à celles de Vitré, ont été signalées en 1867 par M. Guillier (1), à la côte du Creux, près Saint-Denis-d'Orques, sur les confins de la Mayenne et de la Sarthe. D'après les renseignements qui nous ont été donnés par M. Guillier, ces couches s'avancent vers l'ouest, et pénètrent dans le département de la Mayenne ; c'est à cet horizon que l'on doit rapporter la petite bande de schiste intercalée entre le grès ferrugineux de Blandouet et la bande de grès située plus au sud et passant à la Rouzinière.

La faune de cette localité est très nombreuse ; certaines espèces des schistes de Vitré s'y retrouvent :

Redonia Deshayesiana Rou.
— *Duvaliana* Rou.
Echinosphœrites Murchisoni Vern. et Bar.
Calyx Sedgwicki Rou.

d'autres sont communes à cette faune et à celle des schistes d'Andouillé et de Domfront.

Calymene Arago Rou.
— *Tristani* Brong.

(1) Guillier. *Bul. Soc. agr. sc. et arts, Sarthe,* 2e série, t. XI, p. 69.

Asaphus nobilis Bar.
Illænus Sanchezi Vern. Bar.
Beyrichia Guillieri Trom.
Primitia simplex Jones.

Enfin, certaines espèces semblent propres à cet horizon :

Calymene pulchra Barr.
Illœnus Hispanicus Stern. Bar.
— *Guillieri* Trom.
Cheirurus Guillieri Trom.
Orthoceras interpolatum Bar.
— *remotum* Salt.
Endoceras Cenomanense Bar.
— *Guerangeri* Trom
Ctenodonta Bayani Trom.
Orthis ellipsoïdes Bar.
— *Riberoi* Sharpe.

Nous avons retrouvé les couches à nodules dans le nord du département de la Mayenne, dans les replis du grès armoricain qui constitue les buttes situées entre Hardanges et Le Ham (1).

Enfin, nous citerons les schistes d'Andouillé qui sont absolument identiques à ceux de Domfront (Orne) et qui reposent sur des couches de grès armoricain à Bivalves. La localité fossilifère de Bel-Air, au sud d'Andouillé, sur la route allant de ce bourg à Saint-Germain-le-Fouilloux, fut découverte antérieurement à 1850 par M. l'abbé Davoust; elle a été depuis explorée par MM. Delage, Lebesconte et par nous-même.

M. Delage a donné une coupe passant par cette localité (2), et dans laquelle il place le grès armoricain en contact avec le granit, en même temps qu'il fait couler la rivière de l'Ernée dans les schistes fossilifères ardoisiers. Ce fait est inexact,

---

(1) Œhlert. *Bul. Soc. géol. Fr.*, 3e série, t. X.
(2) Delage. *Loc. cit.*, p. 103, pl. VII, fig. V.

car le grès armoricain est séparé du granit par une épaisseur de schistes cambriens, et c'est dans ces couches que la rivière a creusé son lit. De plus, ces grès, qui constituent les hauteurs de la lande de Crennes, dominent la rive droite de l'Ernée et non pas la rive gauche, ainsi que le montre M. Delage.

M. Triger, dans sa coupe d'Andouillé à Saint-Berthevin (1), avait bien indiqué la position des grès ainsi que celle des schistes qui les séparent du granit, seulement, au point de vue de l'âge, ce géologue commit l'erreur de les rapporter au terrain dévonien inférieur.

Parmi les espèces recueillies dans les schistes d'Andouillé, nous citerons :

Calymene Tristani Brong.
— *Arago* Rou.
Homalonotus rarus Corda.
Dalmanites macrophthalmus Brong. sp.
— *incertus* Desl. sp.
Plœsiacomia brevicaudata Desl. sp.
Acidaspis Buchi Barr.
Placoparia Tourneminei Rou.
Asaphus nobilis Bar.
Illœnus Sanchezi Vern. Bar.
— *giganteus* Burn.
Ogygites glabratus Salt.
Primitia simplex R. Jones.
Beyrichia Bussacensis R. Jones.
Plumulites fraternus Bar.
Hyolithes Beirensis Sharpe.
— *triangularis* Vern. Bar.
Bellerophon Lebescontei Trom.
— *acutus* Soir.
Pleurotomaria Bussacensis Sharpe.
Redonia Deshayesi Rouault.
— *Duvali* Rou.
Ctenedonta Bussacensis Sharpe. sp.

(1) Triger. *Profil en long du chemin de fer de Paris à Brest.*

Nucula Bohemica Barr.
Dolabra Lusitanica Sharpe.
Lyrodesma gallica Mun. Chalm.
Adrenaria reticulata Trom. Lebesc.
Orthonota Britannica Rouault.
Lingula subgranulata Trom. Lebesc.
— *fissurata* Barr.
Orthis Budleighensis Dav.
Disteichia reticulata Sharpe.

La *Lingula subgranulata* est, d'après ses auteurs, commune au grès armoricain et aux schistes ardoisiers ; de même, trois autres espèces : *Dalmanites incertus, Lyrodesma Gallica, Disteichia reticulata*, ont été indiquées tout à la fois dans ces schistes et dans le grès de May.

Les schistes ardoisiers inférieurs ont aussi été signalés au sud de Renazé (1).

Grès de May. — Dans certaines parties de la Bretagne, les schistes ardoisiers sont surmontés de bancs de grès qui présentent des facies différents, suivant les localités, et qui sont les équivalents du grès de May (Calvados). Ces grès, généralement blancs, un peu ferrifères, plus rarement bleu-noirâtre, sont parfois dépourvus de fossiles comme à Domfront et à Saint-Denis-d'Orques, ou bien n'en renferment qu'une petite quantité, comme les quartzites blancs de Plougastel (2) ou le grès de Thourie qui ne contient que des exemplaires rares et mal conservés ; sur d'autres points, au contraire, ils sont très fossilifères : tels sont les gisements à *Calymene Bayani* Trom. et Lebesc., de Saint-Germain-sur-Ille, de La Bouexière et de Champeaux (Ille-et-Vilaine). Ces grès qui ont été confondus par quelques géologues soit avec le grès armoricain, soit avec le grès fossilifère dévonien, sont, dans la Bretagne, les représentants du grès de May, avec lequel ils présentent un grand nombre d'espèces en commun.

(1) Lebesconte. *Bul. Soc. géol. Fr.*, 3e série, t. X, p. 63
(2) Barrois. *Bul Soc. géol. Nord,* 1880, t. VII.

L'*Orthis redux* de Bohême y est très abondant, d'après le même auteur, tandis qu'il serait fort rare dans le grès typique du Calvados. L'Orthis le plus répandu dans les grès de May *(O. Budleighensis)*, doit être distingué de l'espèce de Bohême avec lequel il se trouve associé dans les grès de Bretagne. Enfin ces grès renferment un certain nombre d'espèces des schistes ardoisiers, mais le *Calymene Tristani* n'y existe pas.

Leur faune a été étudiée par MM. de Tromelin et Lebesconte, qui déclarent que quarante espèces de ces grès sont communes avec le grès de May : « Parmi les soixante-« quatre formes énumérées dans le grès du Calvados, six « lui sont communes avec le grès armoricain, vingt avec les « schistes ardoisiers, quarante avec les grès d'Ille-et-Vilaine « qui nous occupent. En fait, quarante-six espèces du grès « de May considéré dans la région classique de la Basse-« Normandie, co-existent dans le reste du terrain silurien « de l'ouest de la France (1). »

Nous citerons ici quelques espèces de cet horizon ; celles qui sont précédées d'un astérisque existent également dans les schistes ardoisiers :

Calymene Bayani.
Homalonotus Vicaryi.
* *Dalmanites incertus.*
— *Philipsi.*
Tigillites Hœninghausi.
* *Bellerophon bilobatus.*
— *Deslongschampsi.*

* *Lyrodesma Gallica.*
* *Ctenodonta Bussacensis.*
Modiolopsis liratus.
Orthis redux.
* — *Budleighensis.*
* *Disteichia reticulata.*

M. de Tromelin a distingué sous le nom de *grès culminant* ou *grès supérieur*, certaines couches sans fossiles, présentant une coloration bleu-noirâtre, qui se voient au nord de Domfront et qui, d'après lui, seraient comparables au grès supérieur également sans fossiles, de la série de May (1).

---

(1) De Tromelin et Lebesconte. *Bul. Soc. géol. Fr.*, 3e série, t. IV, p. 602.
(2) De Tromelin. *Assoc. pour l'avancement des Sc. cong. du Havre.*

Toutefois, M. de Lapparent a constaté qu'à Domfront (1) les intercalations schisteuses qui séparent ce *grès supérieur* du premier « vont constamment en diminuant d'importance « vers l'ouest, et que, dans la partie située entre la Lande-« Pourrie et le massif de l'Hermitage à Mortain, il ne paraît « pas y avoir de représentant du grès culminant. »

Nous n'avons pas encore rencontré dans le département de la Mayenne l'existence de l'horizon fossilifère, nous indiquerons seulement sur les confins du département de la Sarthe, comme devant se rapporter à cet âge, d'après des renseignements qui nous ont été fournis par M. Guillier, une petite bande de grès blanc azoïque qui est située entre les schistes ardoisiers à nodules et les couches ampéliteuses à *Orthocères* et à *Graptolithes colonus* de Saint-Denis-d'Orques, et qui pénètre dans le département de la Mayenne à la Rouzinière, au nord de la route allant de Saint-Denis-d'Orques à Saint-Jean-sur-Erve. Il en existe une autre au sud de Bouëre et de Saint-Brice et à l'est de Souvigné ; elle passe aux Lardières et à la Tremblaye (Sarthe), et se retrouve à la Ferrauderie et aux Jarias (Mayenne).

Enfin, dernièrement, M. Lebesconte a signalé entre Renazé et Chazé-le-Henri, des grès formant un pli anticlinal dont le sommet a disparu et qu'il rapporte au grès de May (2),

Schistes ardoisiers supérieurs à Trinucleus ornatus. — Les schistes ardoisiers de Renazé à *Trinucleus ornatus* ainsi que ceux de Riadan, de Coesmes (Ille-et-Vilaine), et de la Sangsurière, ont été considérés depuis longtemps comme occupant un niveau supérieur aux schistes d'Angers. C'est ainsi que Dalimier, en 1862, dit que « l'abon-« dance des *Trinucleus* caractérise, les schistes les plus « voisins des ampélites, c'est-à-dire la partie supérieure des « schistes ardoisiers (3). »

(1) De Lapparent. *Bul. Soc. géol. Fr.*, 3e série, t. V, p. 578.
(2) Lebesconte. *Bul. Soc. géol. Fr.*, 3e série, tome X.
(3) Dalimier. *Bul. Soc. géol. Fr.*, 2e série, t. 20, p. 145.

Depuis, MM. de Tromelin et Lebesconte émirent, d'une façon dubitative, l'opinion que ces couches étaient plus récentes que celles de May, de Thourie et de Saint-Germain-sur-Ille (1), et que ces dernières devaient être intercalées entre les schistes ardoisiers à *Calymene* et les schistes à *Trinucleus*. « Le genre *Trinucleus*, disent ces auteurs, « existe depuis la base jusqu'au sommet de la faune seconde. « Néanmoins, en ce qui concerne le massif breton, la « division paraît fondée, et nous croyons devoir l'adopter « pour les fossiles de la localité de Renazé (2). »

Cette superposition a été confirmée dernièrement par M. Lebesconte, qui a vu nettement les schistes à *Trinucleus* superposés aux grès de la Couyère, qui sont un équivalent local du grès de May. Dans sa coupe de Chazé-le-Henri à Renazé, il montre les schistes ardoisiers supérieurs formant le revêtement d'un pli anticlinal constitué par les couches du grès de May (3).

La faune de ces schistes, qui offre des analogies avec celle des schistes ardoisiers inférieurs, ne contient pas *Calymene Tristani*; nous signalerons, parmi les espèces les plus remarquables de ce niveau :

Calymene pulchra Barr.
Dalmanites socialis var. *proeva*. Barr
Illœnus Beaumonti Rouault.
Trinucleus Pongerardi Rouault
— *Goldfussi* Barr.
— *ornatus* Stern. sp.
Ampyx tenellus Barr.
Acidaspis Buchi Barr.
Serpulites Letellieri Trom.
Orthis Mundœ Sharpe.
— *Berthoisi* Rouault.
— *Noctilio* Sharpe.

---

(1) De Tromelin et Lebesconte. *Bul. Soc. géol. Fr.*, 3e série, t. IV, p. 591.
(2) De Tromelin et Lebesconte. *Congrès pour l'avanc. des Sc.*, *Nantes*,
(3) Lebesconte. *Bul. Soc. géol. Fr.*, 3e série, t. X, p. 63.

Orthis Riberoi Sharpe.
Ctenodonta Ciæ Sharpe. sp.
— *Eschewegei* Sharpe. sp.
Encrinites Andegavensis Trom. Lebesc.
Petraia? insolita Trom. Lebesc.

Au sommet du terrain silurien moyen, il existe encore des assises de grès et de schistes, mais celles-ci se distinguent de celles des étages précédents par la présence de graptolithes et le facies ampéliteux que présentent les schistes. On retrouve ce caractère minéralogique, ainsi que l'existence de graptolithes à la base du terrain silurien supérieur, mais les espèces ne sont plus les mêmes : les schistes du silurien moyen contiennent *Grapt. colonus*, tandis que les autres sont caractérisés par *Grapt. priodon*.

Les grès et les schistes ampéliteux du silurien moyen se relient souvent d'une façon insensible aux schistes ardoisiers supérieurs ; on peut y établir deux subdivisions.

2. — Schistes ampéliteux à *Grapt. colonus*.
1. — Grès azoïque blanc ou noir.

Grès azoïque. — Cet horizon, que M. Lebesconte a désigné dernièrement sous le nom d'*assise des grès supérieurs* (1), et qui présente des intercalations de schistes ampéliteux, est toujours dépourvu de fossiles; les couches ont une coloration tantôt blanche, tantôt noire.

Dans l'Ille-et-Vilaine, les grès blancs ont été signalés à Poligné, Bourg-des-Comptes et Beslé. M. Barrois pense qu'ils ont pour équivalents dans le Finistère (2) des psammites blancs contenant des traces mal caractérisées, décrites sous le nom de *Tigillites præcylindricus*.

Les grès à coloration noire existent à la Ménardaie, au nord de Gahard (Ille-et-Vilaine) et à la Croixille (Mayenne), où ils sont durs et pyriteux.

Les schistes ampéliteux que nous connaissons sur un certain nombre de points dans la Mayenne, sont générale-

---

(1) Lebesconte. *Bul. Soc. géol. Fr.*, 3e série, t. X, p. 65.
(2) Barrois. *An. Soc. géol. du Nord*, 1880, t. VII, p. 261.

ment accompagnés de grès sans fossiles qui seront sans doute rapportés au même niveau que ceux de Poligné et de la Croixille quand ils auront été mieux étudiés.

Schistes ampéliteux à Graptolithes colonus. — Ce niveau est connu sur un grand nombre de points du massif breton. Il se présente ordinairement sous l'aspect de schistes ampéliteux très friables, tachant les doigts, et dans lesquels les graptolithes abondent.

Cependant cet aspect varie quelquefois ; c'est ainsi que dans le département de Maine-et-Loire, la zône à graptolithes est constituée, d'après M. Farge (1), « par un quartzite « noir veiné de blanc, que les géologues angevins ont rap- « porté au *quartz lydien* ou *phtanite ;* ils l'ont attribué tantôt « au terrain silurien, tantôt au terrain dévonien. » Cette phtanite n'est qu'un facies accidentel des schistes ampéliteux.

Le même horizon est représenté à Feuguerolles (Calvados) et au nord de Lusanger (Loire-Inférieure) (2), par des schistes non ampéliteux. Parmi les fossiles qui y ont été recueillis se trouvent des petites empreintes rappelant des Bilobites et des Néreites ; on y rencontre aussi des graptolithes et des stellérides : *Palasterina gracilis* Trom. *P. Morieri* Trom.

Les schistes ampéliteux se montrent à Princé, à la limite de l'Ille-et-Vilaine et du département de la Mayenne, où l'on a rencontré quelques fossiles mal conservés, parmi lesquels : *Graptolithes colonus*, et *Hyolithes simplex* Barr.

Ces schistes occupent une grande étendue dans la Mayenne entre Saint-Jean-sur-Erve et Thorigné ; d'après les renseignements qui nous ont été fournis par M. Guillier, ils alternent avec des bancs de grès noir et l'on y voit des filons de diabase.

---

(1) Farge. *Mém. sur les progrès de la géol. dans le Maine-et-Loire*, 8°. 1873.

(2) De Tromelin. *Assoc. pour avancement des Sciences.* Congrès du Havre, p. 499.

On les retrouve également au sud de la bande de porphyre qui passe par le lieu dit les Minées (commune de Souvigné — Sarthe) et qui pénètre dans la Mayenne un peu au sud des calcaires carbonifères de Bouëre.

La faune des schistes ampéliteux, dont le *Grapt. colonus* est le fossile le plus abondant et le plus caractéristique, n'est pas très variée en espèces. Certaines localités sont cependant assez riches ; nous citerons entre autres le gisement exploré par la Société géologique en 1850, et situé au sud de Neuvillette dans la Sarthe, presque à la limite de ce département avec celui de la Mayenne.

Les fossiles signalés en ce point sont :

Aptychopsis primus Barr.
Rhynchonella ampelitidis Trom. Leb.
Orthis venustula Barr.
— *caduca* Barr.
Diplograpsus caducum His.
Graptolithes colonus Barr.
Scyphocrynus elegans Zenker.

Les schistes ampéliteux à *Grapt. colonus* précèdent immédiatement les couches à sphéroïdes calcaires contenant des Orthocères et des Cardioles.

TERRAIN SILURIEN SUPÉRIEUR

Couches ampéliteuses avec sphéroïdes à Orthocères, à Cardioles et à Graptolithes priodon. — Ce niveau, à part quelques exceptions que nous citerons plus loin, représente seul dans le massif breton l'étage supérieur du terrain silurien et est, en général, surmonté immédiatement par des couches dévoniennes.

Au petit nombre de gisements connus autrefois dans les régions de l'Ouest, c'est-à-dire Feuguerolles (Calvados), Saint-Sauveur-le-Vicomte (Manche), Chemiré-en-Charnie, Saint-Denis-d'Orques (Sarthe), Saint-Jean-sur-Erve (Mayenne) sont venues s'ajouter depuis quelques années un certain nombre de localités.

Dans le département de la Mayenne nous avons déjà fait connaître le gisement de Briassé au sud d'Entrammes, et celui de la Dorière près de Loupfougères (1). Nous pouvons actuellement signaler une autre localité qui nous a été indiquée par M. David, conducteur des Ponts-et-Chaussées, et qui a été découverte en faisant les fondations d'un pont sur le Vicoin, en face de l'abbaye de Clermont, sur la route de Loiron à Olivet.

La faune de cet horizon, qui représente l'étage E de Bohême, se rencontre dans des sphéroïdes dont la nature minéralogique ainsi que la grosseur, peut varier considérablement ; le plus souvent ils sont constitués par un calcaire noir pyriteux très résistant, et sont contenus dans des schistes ampéliteux, ainsi que cela a lieu à Saint-Aubin-de-Locquenay (Sarthe), à la Meignanne (Maine-et-Loire) et dans tous les gisements connus de la Mayenne. Dans la Loire-Inférieure au contraire, « au lieu d'être renfermés « dans des sphéroïdes d'un calcaire noir pyriteux ou anthra- « colithes, les fossiles sont dans des nodules d'un grès très

(1) Œhlert. *Bul. Soc. géol. Fr.*, 3e série, t. X.

« fin, noir ou rougi par l'oxyde de fer et légèrement argi-
« leux (1). »

A Chemiré-en-Charnie (Sarthe) les fossiles se trouvent dans des nodules argilo-siliceux blancs ou rougeâtres ; à Martigné-Ferchaud et à Thourie (sud de l'Ille-et-Vilaine) les sphéroïdes sont argilo-grèseux et ferrugineux.

La faune de ce niveau est très riche en céphalopodes, mais elle n'a fourni jusqu'à présent aucun trilobite.

Les espèces reconnues à Saint-Jean-sur-Erve sont :

Orthoceras Arion Barr.
— *acuarium* Münst.
— *bohemicum* Barr.
— *interpolatum* Barr.
— *pelagium* Barr.
Avicula varians Barr.
Cardiola gibbosa Barr.

M. de Tromelin (2), d'après des échantillons que nous avons recueillis à Briassé a pu déterminer les espèces suivantes :

Orthoceras subannulare Münst.
— *arion* Barr.
— *styloideum* Barr.
— *bohemicum* Barr.
Avicula varians Barr.
— *cybele* Barr.
Lunulocardium Carolinum Barr.

Le gisement de la Dorière ne nous a jusqu'à présent fourni que des Orthocères assez mal conservés (3).

---

(1) De Tromelin, Lebesconte. *Assoc. p. avanc. des Sciences*. Congrès Nantes.
(2) De Tromelin et Lebesconte. *Bul. Soc. géol. Fr.*, 3e série, t. IV, p. 602.
(3) Œhlert. *Bul. Soc. géol. Fr.*, 3e série, t. X.

Ainsi que nous l'avons dit, il existe sur un petit nombre de points du massif breton des couches qui paraissent supérieures à l'horizon dont nous venons de parler. Tel est le cas de la Meignanne, près Angers, d'après M. Hermite. Dans la coupe donnée par ce géologue (1), les schistes et les calcaires ampéliteux à sphéroïdes renfermant les fossiles de la faune troisième sont indiqués comme étant intercalés au milieu de couches calcaires qui ne contiennent rien autre chose que quelques tiges d'encrines indéterminables. Ces calcaires rappellent par leur aspect les calcaires dévoniens de Vern et d'Angers, mais d'après leur position stratigraphique ils appartiendraient au silurien supérieur.

Toutefois, dans la note qui accompagne la coupe, il semble être resté quelques doutes dans l'esprit de l'auteur, et il est probable qu'il eût étudié de nouveau cette question, si la mort n'était venue interrompre prématurément ses travaux.

En 1861, Caillaud avait déjà appelé l'attention des géologues sur un fait encore plus extraordinaire (2) (3), qu'il avait observé près de Saint-Julien-de-Vouvantes, aux environs d'Erbray (Loire-Inférieure) ; d'après cet auteur il existerait, en ce point, des couches de calcaire dans lesquelles il déclare avoir recueilli des espèces telles que : *Calymene Blumenbachi* Brong. et *Harpes venulosa* Corda, appartenant à l'étage F de Bohême et qui se trouvaient mélangées avec des espèces dévoniennes.

Ainsi que nous avons déjà eu occasion de le dire (4), il est probable que des recherches stratigraphiques minutieuses amèneront à distinguer, dans cette localité, la ligne de démarcation entre les couches siluriennes et les couches dévoniennes qui leur sont supérieures.

Il y a quelques années, M. Barrois (5) citait à Rozan, dans la presqu'île de Crozon, un fait qu'il considère comme

(1) Hermite. *Bul. Soc. géol. Fr.*, 3e série, t. VI, p. 544.
(2) Caillaud. *Bul. Soc. géol. Fr.*, 2e série, t. XVIII, p. 330.
(3) Caillaud. *Ann. Soc. acad. Nantes*. t. XXXII, p. 253.
(4) Œhlert. *Mém. Soc. géol. Fr.*, 3e série, t. II, p. 3.
(5) Barrois. *Ann. Soc. géol. du Nord*, 1880, t. VII, p. 258.

analogue. D'après cet auteur, il existe dans cette localité des bancs de calcaire renfermant de nombreux *Orthis*, qui se trouvent intercalés entre les schistes à nodules contenant *Cardiola interrupta* et les quartzites de Plougastel à faune dévonienne. Il faut donc les considérer, dit-il, comme « un « représentant des célèbres calcaires d'Erbray, découverts « par Caillaud dans la Loire-Inférieure. »

Nous ne connaissons, actuellement dans la Mayenne, aucune couche superposée aux calcaires ampéliteux à *Orthocères* et à *Cardioles*, pouvant être attribuée à l'étage silurien.

TERRAIN DÉVONIEN INFÉRIEUR

Le terrain dévonien dont les différents étages sont si bien représentés en Allemagne, en Belgique et dans les Ardennes, ne présente dans l'ouest de la France, c'est-à-dire sur l'autre bord des mers jurassique et crétacée, que sa partie la plus inférieure (1). Dans tout le massif breton, il a une composition uniforme et comprend trois zones ou groupes principaux :

3. — Grauwacke et schistes à *Pleurodyctium*.
2. — Calcaire à *Sp. Rousseau* et *Athyr. undata*.
1. — Grès à *Orthis Monnieri* (2).

Seul, le bassin de la Basse-Loire présente une exception remarquable que M. Bureau a eu le mérite de signaler le premier (3). Il existe, en effet, dans le département de la Loire-Inférieure, ainsi que dans celui de Maine-et-Loire, une série de couches puissantes que ce géologue a réparties

(1) Nous ferons remarquer que les assises correspondant au gédinien, base du dévonien inférieur, n'ont pas été signalées dans l'ouest de la France.

(2) D'accord avec l'opinion de la plupart des géologues qui ont étudié le massif breton, nous considérons le grès à *Orthis Monnieri* comme formant la première subdivision de la série dévonienne dans l'ouest. Dans une note récente sur l'âge des combustibles de la Sarthe et de la Mayenne, M. Dorlhac, ingénieur-directeur des mines de Montignè, attribue les schistes fossilifères, les grès feldspathiques, les schistes à anthracite et les poudingues de Montigné et de L'Huisserie à la base du terrain dévonien et place cet ensemble au-dessous du grès à *Orthis* Monnieri. L'existence de dépôts d'anthracite à l'époque dévonienne étant fort douteuse, il ne nous semble pas que les raisons invoquées par ce géologue soient suffisantes pour justifier la place exceptionnelle qu'il attribue dans la série paléozoïque au combustible de Montigné-l'Huisserie. Nous reviendrons, du reste, sur cette question, lorsque nous exposerons les différentes opinions émises sur ce sujet, ainsi que celle qui nous semble la plus admissible.

(3) Bureau. *Bul. Soc. géol. Fr.*, 2e série, t. XVI, p. 822, t. XVII, p. 789, t. XVIII, p. 337.

dans les trois divisions de terrain dévonien. Depuis (1), nous avons publié sur les calcaires de Montjean et de Chalonnes, deux notes, dans lesquelles nous avons donné les motifs qui nous faisaient considérer ces couches comme représentant dans l'ouest la partie moyenne du terrain dévonien ; quant au calcaire de Cop-Choux, attribué par M. Bureau à la partie supérieure de ce système, il nous semble, d'après ses caractères paléontologiques, former un passage entre la faune dévonienne et la faune carbonifère.

Dans ses études sur les terrains de transition de l'ouest de la France, Dufrénoy, en 1838 et 1841, désigna les formations qui, depuis, sont venues constituer le terrain dévonien, comme appartenant au silurien, tel qu'on le considérait alors ; c'est ainsi qu'il rapporte à ce terrain les calcaires de Saint-Gervais, près Izé, de Joué et de Gahard.

En 1840, M. de Verneuil (2) proposa une classification pour les terrains carbonifère et silurien et plaça à la partie supérieure de cette dernière division l'ensemble des couches connues alors sous le nom de *vieux grès rouge (old red sandstone)*, qui, lorsque les formations du Devonshire furent étudiées avec leur faune, méritèrent de former une division spéciale sous le nom de terrain dévonien.

Un peu plus tard, ce même auteur (3) d'après les recherches de Marie Rouault dans l'ouest de la France, réunit dans un même groupe, les calcaires et les schistes de Gahard, ceux de la rade de Brest, d'Izé, près de Vitré, de La Baconnière, de Chalonnes, sur les bords de la Loire et aussi « très probablement » ajoute-t-il, ceux de Néhou (Manche). Il classa ces couches dans le *terrain dévonien* dont les subdivisions, à cette époque, n'étaient pas bien définies, et les assimila aux couches de l'Eifel, de Ferques et du Devonshire en Europe, et à celles de l'*Hamilton group*. en Amérique.

---

(1) Œhlert, *Bul. Soc. géol. Fr.*, 3e série, t. VIII, p. 276. — Œhlert, *Annales des Sc. géologiques*, t. XII, 1882.
(2) De Verneuil. *Bul. Soc. géol. Fr.*, t. XI, p. 169.
(3) De Verneuil. *Bul. Soc. géol. Fr.*, 2e série, t. IV, 1846, p. 324.

Enfin, en 1850, M. de Verneuil (1) précisant de plus en plus sa classification, divise le terrain dévonien de l'ouest en grès, schistes et calcaire, et considère cet ensemble comme représentant le terrain dévonien inférieur.

Les étages moyen et supérieur de ce terrain étant inconnus dans le département de la Mayenne, nous nous occuperons seulement de la division inférieure.

Grès à Orthis Monnieri. — Le grès à *Orthis Monnieri* s'observe sur un grand nombre de points du massif breton, reposant souvent en stratification discordante sur les différentes zones du terrain silurien.

Dans la Sarthe et la Mayenne, immédiatement au-dessus des schistes à nodules calcaires à *Cardioles* et à *Orthocères*, qui représentent la faune 3e dans l'ouest, on trouve dans un grand nombre de localités d'épaisses couches d'un grès blanc, quartzeux, se désagrégeant parfois facilement. Ce grès, signalé d'abord par M. Rouault, comme appartenant au silurien supérieur, a été reconnu en 1850 par la Société géologique (nº 12 de la coupe de Sillé à Sablé, Bul., 2e série, t. VII, p. 794), comme devant être placé à la base du terrain dévonien. Cette subdivision est très nette et a été désignée par Dalimier (2) sous le nom d'*assise des grès :* ces couches contiennent cependant de minces lits de schistes, auxquels ils sont même parfois superposés, mais ce sont des facies locaux n'altérant en rien le caractère général de cette masse minérale.

Ce grès, qui présente différents aspects suivant les localités, possède des bancs très coquilliers, tandis que d'autres sont complètement dépourvus de fossiles ; on le désigne dans l'ouest sous le nom de *grès de Gahard*, lieu où M. Rouault l'a signalé pour la première fois avec sa faune ; on l'appelle également *grès à Orthis Monnieri*, d'après une espèce qu'on trouve très abondamment dans certaines couches ou bien encore *grès à Grammysia*, ou *grès à Orthocères*, d'après la prédominance de ces différentes formes.

---

(1) *Bul. Soc. géol. Fr.*, 2e série, t. VII, p. 791.
(2) Dalimier. *Stratig. ter. primaires du Cotentin*, p. 103.

Au point de vue minéralogique, il est plus grenu que le grès armoricain ; ses bancs sont moins nettement séparés par des alternances de lits de schistes et son inclinaison se rapproche en général davantage de la verticale.

La faune de ces couches, qui offre de grandes analogies avec la faune des calcaires qui lui sont supérieurs, n'est encore connue que par quelques descriptions sans figures, données par M. Rouault (1), et par quelques listes publiées par M. Barrois (2) et par MM. de Tromelin et Lebesconte (3) ; c'est pourquoi il est difficile de déterminer avec précision les fossiles nombreux qui s'y rencontrent. Les bancs présentent parfois, ainsi que nous l'avons déjà dit, des localisations d'espèces qui méritent d'appeler l'attention ; certains d'entre eux contenant presque exclusivement des *Grammysia*, d'autres des Orthocères, d'autres des Orthis et d'autres enfin des tiges d'Encrines.

Ce grès, qui, par suite de ses nombreux plissements, joue un rôle important dans l'orographie de l'arrondissement de Laval, existe dans un grand nombre de localités. Blavier avait confondu sous le nom de roches quartzeuses ou groupe du quartz grenu, tous les grès dévoniens et siluriens. C'est ainsi que la bande décrite par cet auteur (4), et qui « traverse le département de part en part, depuis la grande « Charnie, à l'est, jusqu'à la commune de Bourgon, limi- « trophe d'Ille-et-Vilaine » comprend des grès de différents âges.

En revanche, dans la série des grès siliceux considérés par cet auteur comme des grès marins appartenant à la formation tertiaire, il réunit : 1° des grès lustrés et des grès roussards qui sont en effet tertiaires et dont nous dirons quelques mots lorsque nous parlerons des dépôts de cette époque ; 2° des grès dans

(1) M. Rouault. *Bul. Soc. géol. Fr.*, 2e série, t. VIII, 1851.
(2) Barrois, 1877. *Ann. Soc. géol. Nord*, t. IV, p. 66.
(3) De Tromelin et Lebesconte, 1877. *Bul. Soc. géol. Fr.*, 3e série, t. IV, p. 614.
(4) Blavier. *Statistique*, p. 63.

lesquels on « trouve fréquemment des empreintes de « coquilles bivalves marines. Il en est, dit-il, qui en sont « comme pétris. La coquille a constamment disparu, et son « moule est seul conservé. Toutes ces empreintes de « coquilles appartiennent évidemment à une seule et même « espèce ; c'est le moule mal conservé, d'une bivalve qui se « rapproche du genre *Cardita* (1). »

Les échantillons recueillis par Blavier et déposés au Musée de Laval, nous ont permis de constater que ces grès étaient dévoniens et que la prétendue Cardita n'était autre que l'*Orthis Monnieri*. Du reste, l'analogie minéralogique qui existe entre ces grès et le « quartz grenu intermédiaire » avait amené l'auteur à reconnaître qu'il est facile de les confondre ; en effet, quelques lignes plus loin, il ajoute que « lorsqu'on ne peut s'aider du caractère conchyliologique « que nous venons de mentionner et dont l'existence lève « toute espèce de doute, pour empêcher qu'on classe comme « quartz grenu des roches qui, en réalité, doivent remonter « au grès tertiaire, il importe d'étudier avec soin ses relations « géognostiques, et, si la nature du sol s'y oppose, de suivre « tout au moins la roche qu'on veut classer dans ses divers « passages et modifications de structure (2). » Cependant les caractères stratigraphiques de ces couches n'ont pas été un meilleur renseignement pour cet auteur, qui les représente comme formant des dépôts horizontaux au-dessus des bancs de schistes et de poudingues relevés jusqu'à la verticale, d'où il conclut qu'ils sont de formation récente.

Le grès dévonien forme, en général, de longues bandes saillantes souvent parallèles, que nous décrirons en suivant un ordre géographique.

Ces grès, qui existent dans le département d'Ille-et-Vilaine, pénètrent dans notre département, à l'est, près de Bourgon. C'est à ce niveau qu'il faut rapporter la bande de grès allant du Bourgneuf vers Saint-Ouen ; nous indiquerons comme gisements fossilifères, la Butte, près du

(1) Blavier. *Statistique*, p. 47.
(2) Blavier. *Statistique*, pl. 2, fig. 10.

moulin de la Chaîne, et la carrière des Touches, près la Croïx du Bouquet. Dans la carte Triger, cette bande suit la courbure de la route en se tenant constamment du côté nord ; nous ne pensons pas qu'elle traverse celle-ci, ainsi que l'indique M. Dorlhac dans sa carte du bassin anthraxifère de La Baconnière (1).

Le calcaire dévonien de La Baconnière, qui entoure la plus grande partie du bassin anthraxifère, repose sur le grès à *Orthis Monnieri ;* on l'observe au nord, dans le bourg de La Baconnière ; au sud-est, nous l'avons constaté près la ferme du Buron, où il contient principalement des *Grammysia ;* enfin, M. Lebesconte l'a aussi rencontré à la ferme de l'Épinay. Malheureusement, sur tous ces points, les exploitations sont peu importantes et ne nous ont fourni que de rares fossiles.

A l'est du département, il existe encore d'autres masses teintées en vert sur la carte Triger, et sur l'âge desquelles nous ne pouvons actuellement nous prononcer. Nous indiquerons seulement que dans la coupe de Paris à Brest, tout le terrain compris entre Le Genest et Saint-Pierre-la-Cour, est indiqué par M. Triger comme appartenant au carbonifère ; M. Delage (2), au contraire, considère ces grès comme dévoniens et M. Dorlhac (3) partage la même opinion. Parmi les localités fossilifères de ces grès qui forment une ceinture autour du bassin de Saint-Pierre-la-Cour, nous citerons la Peuverie, au N.-O. de Launay-Filliers, où l'on trouve de nombreux *Orthocères* dont il ne reste généralement que le moule externe. Cette faune, qui semble devoir être rapportée au terrain dévonien se rencontre, également, d'après une indication qui nous a été fournie par M. Saminn, directeur des mines de Saint-Pierre-la-Cour et du Genest, au nord de ce dernier bourg, à la ferme de la Rouzinière. Nous l'avons également reconnue à Malavisé, au S.-E. du Genest, et dernièrement M. Guillier, dans les sondages qui ont été faits pour l'exécution du chemin de fer de

(1) Dorlhac. *Bul. Soc. ind. minérale.* 2e série, t. X.
(2) Delage, 1877. *Stratig. ter. prim. d'Ille-et-Vilaine.*
(3) Dorlhac. *Bul. Soc. ind. min.*, 2e série, t. X.

Laval à Craon, a constaté la présence du grès à Orthocères à la Chouannerie et au Pont-Alain, au sud de Saint-Berthevin, sur les bords du Vicoin. C'est sans doute à ce facies fossilifère que Blavier fait allusion dans la phrase suivante : « Certaines couches de quartz grenu, dit-il, « présentent un grand nombre d'évidements qui nous « semblent dus à des êtres organisés dont la dépouille a « disparu et que nous penserions devoir être attribués à des « encrinites. On en voit ainsi à Pont-Alain, près Laval... »

Au nord de Laval, au-delà de Saint-Jean-sur-Mayenne, le grès dévonien forme des bandes qui traversent les rivières de l'Ernée et de la Mayenne, en restant à peu près parallèles entre elles. Nous avons recueilli un certain nombre d'espèces dans des blocs provenant de la carrière située sur la rive droite de la Mayenne, en face l'écluse de la Magnanerie, où les couches fossilifères consistent en un grès compact d'une coloration vert-olive ou un peu bleuâtre. Les bancs supérieurs, dans cette carrière, sont peu fossilifères et prennent une texture grenue et une couleur blanchâtre.

Cette première bande est coupée obliquement par une faille dans laquelle coule la rivière de l'Ernée. Cette rivière présente sur sa rive gauche, qui est escarpée, une série de plis secondaires très visibles à l'est de la Cohue, en face de Réhar et de la Planche ; c'est sur le prolongement de cette même bande que se trouve la Grammairie (N.-O. de Saint-Germain-le-Fouilloux), où MM. de Tromelin et Lebesconte ont signalé le grès à *Orthis Monnieri* (1).

La seconde bande se voit au nord du bourg de Saint-Jean, passe aux Onglais sur la rive gauche de l'Ernée, puis forme la colline sur laquelle est construit le bourg de Saint-Germain-le-Fouilloux ; on retrouve ce grès devenu très friable, caractère très fréquent dans le grès à *O. Monnieri*, le long du chemin allant de Saint-Germain au moulin de Quifeu. Enfin, plus à l'ouest, nous avons constaté la présence de ce même grès à Barbin, et dans le bois de Picot.

---

(1) *Bul. Soc. géol. Fr.* 3e série, t. IV, p. 616.

A l'est le grès dévonien forme une bande un peu sinueuse qui, de Saint-Jean, va au nord de Louverné et à la Chapelle-Anthenaise, en passant par la Filière où nous avons trouvé quelques fossiles, puis se dirige ensuite vers Saint-Céneré où l'*Orthis Monnieri* se rencontre abondamment dans le grès de la Ducherie.

Enfin, en se rapprochant de la Sarthe, ce grès, suivant l'allure générale de l'ensemble de la bande dévonienne, s'infléchit vers le sud, va passer au nord de Saint-Pierre-sur-Erve et à Thorigné, puis, traversant la limite des départements de la Mayenne et de la Sarthe, remonte brusquement vers le nord. Ce grès indiqué sur la carte manuscrite de M. Triger, sous le numéro 53, comme *grès blancs quartzeux à empreintes de coquilles*, passe par la Lune de Joué, puis se retrouve à l'est de Chemiré-en-Charnie (1). Dans la localité de Thorigné que nous avons visitée en 1880, les couches de grès forment un pli anticlinal à côtés inégalement inclinés. Les fossiles y sont assez abondants.

C'est au même niveau que M. Triger rapporte la bande qui se voit au sud de Saint-Pierre-sur-Erve et au nord de Bannes ; elle paraît correspondre au grès signalé au sud de Brûlon, à la Croix de Cornay. Citons enfin, sur la limite du département, les grès dévoniens qui entourent le bassin anthraxifère de Fercé-Solesmes.

Nous mentionnerons ici une bande dont l'aspect minéralogique, ainsi que les caractères paléontologiques offrent de grandes analogies avec le grès à *O. Monnieri*, mais qui occupe au point de vue géographique une position anormale par rapport au calcaire et aux schistes dévoniens et qui accompagne souvent le calcaire carbonifère. Nous ne nous sommes pas encore nettement rendu compte de cette réapparition ou de cette récurrence, mais, d'après la faune, nous rattachons ce grès au dévonien inférieur. Il forme la crête de la lande de Guette, et c'est sans doute lui que Blavier signale au gué de la Châtre (2) ; il constitue sur la rive gauche de la Mayenne,

---

(1) Guillier. *Coupe de la route n° 157 et de la route n° 5.*
(2) Blavier. *Statistique*, p. 92.

la partie septentrionale de la butte de la Biochère (N.-E. de Changé) ; on le retrouve fossilifère et assez friable à la Beaugrandière, sur la route de Laval à Louverné, en contact avec le calcaire carbonifère.

M. Dorlhac nous a signalé la présence de ce grès dans le bois de l'Huisserie, et il l'indique également près de la mine de Montigné, dans le chemin dit des Charbonniers ; nous-même nous l'avons reconnu dans la colline qui domine l'écluse de Briassé sur la rive gauche de la Mayenne (sud d'Entrammes), au-dessus des schistes ampéliteux avec nodules calcaires à Cardioles et à Orthocères.

Ces grès sont de même âge que ceux de Gahard ; nous citerons parmi les espèces caractéristiques de cet horizon :

Homalonotus Gahardensis Trom. Leb.
— *Barrandei* Rouault.
Dalmanites Rouaulti Trom. Leb.
Beyrichia Hardouini Rouault.
Orthoceras Rouaulti Tr. Leb.
— *Cazanovei* Rouault.
— *Jovellani* Arch. et Vern.
Tentaculites scalaris Schlot.
Bellerophon Treali Rouault.
Capulus Lorieri Vern.
Pterinea matutinalis d'Orb.
— *lævis* Vern. sp.
Modiolopsis lingualis Salt.
— *Delagei* Mun. Ch.
Grammysia Mariana Rou.
— *Davidsoni* Rou.
— *Ludovicana* Rou.
— *Cordieri* Rou.
— *Armoricana* Mun. Ch.
— *Lyelli* Mun. Ch.
— *Tromelini* Mun. Ch.
— *Murchisoni* Mun. Ch.
Allorisma Dureti Rou. sp.
Lunulocardium ventricosum Edg.

Discina incerta Davids.
Lingula Murchisoni Rou.
Nucleospira Vicaryi Davids.
Rhynchonella ovalis Davids.
— *Valpiana* Davids.
— *Vicaryi* Davids.
Spirifer Rousseau Rou.
Orthis hipparionyx Vanuxem.
— *Monnieri* Rou.
Strophomena Etheredgei Dav.
— *Budleighensis* Dav.
— *Rouaulti* Dav.
Pleurodyctium Constantinopolitanum Röm.

C'est aussi à ce même niveau que doivent être rapportés les grès de Landevennec, de la rade de Brest ; M. Barrois, qui les a étudiés et qui y a recueilli un certain nombre de fossiles, a reconnu que sur 25 espèces, dont 16, dit-il, sont déterminés d'une façon précise, il y en avait 13 de communes avec le terrain coblentzien du Rhin et de la Belgique ; c'est pourquoi cet auteur pense que les grès blancs de Landevennec, et leurs équivalents les grès de Gahard doivent être assimilés « à la partie inférieure du Coblentzien, c'est-à-dire « au grès de Taunus, au Taunusien de Dumont et aux grès « d'Anor de M. Gosselet (1). »

Calcaire et Schistes. — Le calcaire dévonien exploité sur une foule de points pour la fabrication de la chaux est remarquable par l'abondance et la bonne conservation de ses fossiles, aussi a-t-il attiré depuis longtemps l'attention des géologues.

En 1837, dans un travail sur la géologie de la Mayenne, Blavier distingua nettement ce calcaire du calcaire carbonifère, l'un, dit-il, étant caractérisé par des Térébratules, tandis que l'autre est rempli de facettes spathiques provenant de fragments d'encrines. Il désigna le premier sous le nom

(1) Barrois. *An. Soc. géol du Nord*, 1877, t. IV, p. 69.

de Calcaire Térébratulaire, et le second sous celui de Calcaire à Encrinites. « Il est digne de remarque, ajoute-t-il, que le « calcaire à térébratules occupe une position spéciale dans le « terrain que nous décrivons. D'abord, ce n'est que dans la « grande bande que nous avons dit traverser de part en part le « département de la Mayenne, que des térébratules fossiles « se rencontrent, et puis le calcaire térébratulaire occupe dans « cette bande les positions les plus septentrionales. Ainsi on « le retrouve à La Baconnière, Saint-Germain-le-Fouilloux, « Saint-Jean-sur-Mayenne, Saint-Pierre-sur-Erve. »

« Dans les bandes calcaires de Grez-en-Bouère, de Saint-« Loup, de Préaux et de Laval, ainsi que dans les masses « isolées de Saint-Pierre-la-Cour, ce sont les encrinites qui « dominent (1). »

Ainsi que nous l'avons déjà fait observer (2), ces divisions qui paraissaient artificielles à l'auteur lui-même, devaient être conservées et correspondre aux divisions stratigraphiques qui ont été adoptées depuis cette époque ; le calcaire térébratulaire fut reconnu comme représentant le dévonien inférieur et le calcaire à encrinites fut classé dans le terrain carbonifère. Dufrénoy, en 1838, n'apporta pas la même précision dans sa classification des calcaires de transition. En effet, cet auteur qui reconnut que les calcaires d'Izé et de Joué, devaient être placés au-dessus de sa grauwacke ou schistes de Rennes, se méprit sur le caractère de leur faune, et se basant sur la présence des Trilobites et des Conulaires, il pensa qu'il existait « une connexion complète d'une part « entre le calcaire (dévonien) de Saint-Gervais, et les schistes « (siluriens) de Bain, et de l'autre, entre ces mêmes cal-« caires et les grès de May. Il en résulte, par conséquent, « ajoute-t-il, que cette même assise, quoique formée de na-« ture essentiellement différente, constitue un ensemble « qu'on ne saurait séparer (3). »

Quant au calcaire de la Baconnière il le définit ainsi :

(1) Blavier. *Statist.*, p. 71.
(2) Œhlert. *Bul. Soc. géol. Fr.*, 3e série, t. VIII.
(3) Dufrénoy. *An. des Mines*, 3e série, t. XIV, 1838, p. 370.

« Calcaire gris foncé contenant une grande quantité de spi-
« rifers, de térébratules, quelques entroques, des trilobites et
« des Orthocères assez rares ; on y trouve également des
« Amplexus dont la longueur atteint quelquefois un pied ; ce
« fossile tout à fait inconnu dans le calcaire de Saint-Gervais
« (Izé) et de Joué, est au contraire caractéristique du calcaire
« associé à l'anthracite. Nous verrons bientôt qu'il se re-
« trouve avec abondance dans le calcaire de Sablé, placé pré-
« cisément dans la même position. »

A notre connaissance il n'a été trouvé aucun *Amplexus* dans le calcaire de la Baconnière dont la faune est entièrement dévonienne. Cette faune diffère un peu de celle du grès à *Orthis Monnieri,* tandis qu'elle a de grandes analogies avec celle des schistes et des grauwackes qui lui sont supérieurs.

Marie Rouault a été le premier à faire connaitre les formes nouvelles des calcaires de Gahard et d'Izé ; puis vinrent MM. de Verneuil, Guéranger et Davoust qui apportèrent successivement des renseignements sur cette faune. Plus tard, M. Munier-Chalmas décrivit également quelques fossiles du calcaire de Bois-Roux, près Gahard (Ille-et-Villaine), et enfin, nous avons nous-même donné dans plusieurs notes, des descriptions et des figures des fossiles des calcaires dévoniens de la Mayenne et de la Sarthe.

Dalimier avait remarqué que, dans le Cotentin, le calcaire dévonien « forme au milieu des schistes, des lentilles isolées
« qu'il est impossible de séparer, car le calcaire fait suite
« d'une manière insensible aux bancs schisteux, pour cesser
« quelquefois à quelques décimètres de son point d'origine.
« Et, ce qui se voit en petit, sur un point, dit-il, peut s'appli-
« quer en grand à tout le Cotentin ; son épaisseur est parfois
« si faible et partout si irrégulière, qu'on est tenté de regar-
« der l'ensemble comme une réunion de grandes lentilles au
« milieu d'un dépôt schisteux (1). »

Cette description qui est applicable aux couches calcarifères de la Mayenne rappelle également le caractère des calcaires dévoniens de la Belgique. Dans une note récente,

(1) Dalimier. *Stratig. ter. prim. du Cotentin*, p. 90.

M. Dupont a émis l'opinion que la formation de ces lentilles était exclusivement due à l'action des polypiers, et qu'elles n'étaient autre chose que d'anciens récifs de coraux. Les conclusions de cet auteur, bien que très intéressantes, nous semblent toutefois trop absolues. Dans les calcaires du même âge, que nous avons pu observer dans notre région, on trouve, il est vrai, de véritables amas de polypiers et de stromatoporides, mais qui se présentent toujours sous forme de bancs peu épais ($0^{m}20$ à $1^{m}30$), plusieurs fois répétés dans une même carrière, avec quelques changements dans les espèces, et qui s'intercalent entre d'autres bancs réguliers renfermant presque exclusivement des Brachiopodes ou des Lamellibranches.

Nous devons ajouter, pour énumérer les principaux caractères de ces calcaires, que ceux-ci sont souvent pétris de fossiles et qu'ils alternent « avec des masses de roches « étrangères que l'on désigne dans le pays, sous le nom de « *Jarres* (1). Celles-ci sont composées de schistes noirs argileux, remplis de spath calcaire blanc et cristallin.

Parfois le calcaire manque et alors les schistes ou la grauwacke supérieure reposent directement sur les grès à *O. Monnieri*, mais, en tous cas, la faune du calcaire et celle des schistes offrent entre elles de telles analogies que MM. de Tromelin et Lebesconte ont pu dire très justement, que « quand le calcaire vient à manquer, il y a absence d'un « dépôt minéralogique, et non *hiatus* paléontologique (2). »

Les bancs de calcaire sont généralement moins épais et moins compacts que ceux du carbonifère, de telle sorte qu'ils sont rarement exploités comme marbre.

Les couches revêtent parfois un caractère particulier, soit par suite de la présence de certaines espèces qui leur sont propres, soit par la prédominance d'une ou de plusieurs espèces communes qui s'y trouvent à l'exclusion de toutes

---

(1) Dorlhac et Saminn. *Du chaulage des terres dans la Mayenne*, Bul. Soc. ind. min. p. 532.

(2) De Tromelin et Lebesconte. *Bul. Soc. géol. Fr.*, 3e série, t. IV, p. 619.

les autres. Nous citerons entre autres les couches à *Thylacocrinus Vannioti*, à *Chonetes sarcinulata*, à *Uncinulus Œhlerti*, à *Nucules*, à *Leperditia Britannica*, etc.

La succession des faunules est habituellement assez régulière; nous en citerons un exemple pris sur la route de Saint-Germain-le-Fouilloux à Saint-Jean.

Au-dessus du grès à *Orthis Monnieri*, qui affleure sur cette route, on voit une certaine épaisseur de schistes noirâtres renfermant principalement *Strophomena rhomboïdalis* et de grands *Orthis*, au-dessus desquels on observe la succession suivante :

Bancs calcaires à *Sp. Rousseau*, *Athyr*, *undata*, etc.

Schistes à *Chonetes tenuicostota*.

Calcaire à *Ch. Sarcinulata*, *Meganteris inornata*, *Spirif.*, *Hemithyris subwilsoni*, etc.

Couche à *Avicula Guerangeri*, *Chonetes sarcinulata*, etc.

Bancs calcaires exploités dans la carrière en face la ferme des Lasneries. *Hemith. Chon. Spirif.*, etc.

Couche à Crinoïdes.

Couche à *Tentaculites*.

Banc à polypiers.

Schistes à Brachiopodes de petite taille : *Trigeria Guerangeri*, *Rh. cypris*, *Orthis*, *Leptæna*, *Hemithyris*.

Schistes à Brachiopodes de taille ordinaire : *Atrypa reticularis*, *Athyris undata*, *Spirifer Rousseau*, *Spir. lævicosta*.

Calcaire à polypiers, à *Conocardium* et *Ath. esquerra*.

Couches à petits Gastéropodes et à Nucules.

Couches à *Leperditia Britannica*.

Puis viennent des couches fossilifères peu caractérisées.

Au-delà les couches disparaissent sous la route, mais au sud de la carrière de la Roussière, située dans le bourg de Saint-Germain, nous avons constaté au-dessus des bancs calcaires, et intercalés au milieu des schistes, une faune toute spéciale et que nous avions déjà rencontrée à Chassegrain, près de Joué-en-Charnie, dans la Sarthe. Cette faune est remarquable par la taille qu'atteignent les échantillons ; ce sont ordinairement des *Leptæna* du groupe du *L. Bouei*, des *Orthis* analogues à l'*O. fascicularis*, et des Spirifers à côtes nombreuses se continuant dans le sinus, et qui sont voisins du *Spirifer Trigeri*.

Cette succession de faunules est souvent modifiée par l'apparition de bancs non caractérisés ou par des accumulations de fossiles spéciaux qui ne se retrouvent pas ailleurs.

Au-dessus de ces différentes faunules on trouve une épaisseur de grauwacke et de schiste qui sont si intimement unis au calcaire que nous décrirons ensemble ces deux dépôts, différents au point de vue minéralogique, mais qui renferment la plupart des mêmes espèces. Il faut cependant ajouter que la faune du calcaire est beaucoup plus riche, et que les fossiles y sont très rarement déformés, ce qui est au contraire très fréquent dans les schistes. D'une autre part quelques rares espèces semblent spéciales à la grauwacke et aux schistes supérieurs, nous citerons en particulier *Pleurodyctium problematicum*.

Parmi les nombreux fossiles que nous avons recueillis dans le calcaire dévonien, nous citerons les plus caractéristiques :

Cryphæus Michelini Rouault.
— *Jonesi* Œh.
— *Munieri* Œhl.
Homalonotus Gervillei de Vern.
Proetus Œhlerti Bayle.
Primitia Fischeri Œh.
Leperditia Britannica Rou.
Beyrichia Hardouiniana Rou
Orthoceras Lorieri d'Orb.
Loxonema melanioides Œhl.
Murchisonia Reverdyi Œh.
Pleurotomaria Larteti Mun. Chal.
— *occidens* Hall.
Murchisonia Bachelieri Rou.
— *Davidsoni* Œhl.
— *Davousti* Œhl.
Platystoma janthinoides Œhl.
— *naticopsis* Œhl.

5

Oriostoma Konincki Œhl.
— *echinatum* Œhl.
— *princeps* Œhl.
— *Gerbaulti* Œhl.
— *multistriatum* Œhl.
Bellerophon trilobatus Sow.
— *Barrandei* Œhl.
Tentaculites Velaini Mun. Chal.
Pterinea subfasciculata Œhl.
Avicula Guerangeri Œhl.
Athyris undata Defr.
— *Pelapayensis* de Vern.
Atrypa reticularis Lin. sp.
Chonetes sarcinulata Schlot.
— *tenuicostata* Œhl.
Cyrtina heteroclyta Defr.
Leptæna Murchisoni var. *A* de Vern.
Meganteris inornata d'Orb.
Streptorhynchus umbraculum v. Buch.
Trigeria Guerangeri de Vern. sp.
Hemithyris subwilsoni d'Orb.
Rhynchonella cypris d'Orb.
— *Le Tissieri* Œhl.
Uncinulus Œhlerti Bayle.
Spirifer Rousseau Rou.
— *Venus* d'Orb.
— *Trigeri* de Vern.
— *lævicosta* Valenc.
— *undiferus* Röm.
Terebratula? Gaudryi Œh.
— *Passieri* Œh.
— *Baconnierensis* Œh.
Pentamerus Heberti Œh.
Orthis Beaumonti de Vern.
Streptorhynchus devonicus d'Orb.
Favosites punctatus Bouillier.
— *Forbesi* Edw. et Haime.
Heliolites porosus Golof.

Striatopora pachystoma Nich.
Aulopora repens Goldf.
Monticulipora Winteri Nich.

Le calcaire dévonien exploité depuis longtemps à Gahard et à Izé (Ille-et-Vilaine), se trouve, d'après M. Delage, à Bourgon, sur la limite ouest du département de la Mayenne (1). D'après cet auteur, « on voit à Bourgon deux sortes de cal- « calcaires : l'un inférieur, visible à 300 mètres du bourg, « contenant des fossiles dévoniens identiques à ceux de « Gahard et d'Izé, l'autre supérieur où l'on trouve des am- « plexus. »

Dans la coupe donnée par ce géologue (2), le calcaire dévonien forme deux plis anticlinaux surmontés de schistes et de grès appartenant à la même époque et qui supportent au nord et au sud des couches de calcaire carbonifère. Nous citons ces faits d'après M. Delage, ne les ayant pas observés personnellement.

Le calcaire dévonien se retrouve au sud du bourg de la Baconnière ; ses affleurements entourent comme d'une ceinture le bassin anthraxifère, et ses bancs, intercalés au milieu des schistes, deviennent plus épais et plus contournés à l'est de ce bassin. Le calcaire a été principalement exploité du Cormier à la Poupardière : les carrières sont actuellement remplies d'eau ou comblées. D'autres recherches ont eu lieu à l'ouest du bassin, près de la ferme du Buron. Enfin, au sud, il existe des carrières encore en activité à la Jallerie et à Saint-Roch, sur la route de Laval à Ernée. M. Triger signale la présence du même calcaire à l'ouest, sur le prolongement de cette dernière exploitation, à la Hervellerie. A l'est, nous retrouvons une longue bande ayant la direction générale des couches des autres terrains, et qui présente de nombreuses carrières entre Saint-Germain-le-Fouilloux et Saint-Jean. Cette bande dont l'allure est assez régulière et l'épaisseur à peu près constante sur une grande partie de son parcours, se retrouve

(1) Delage. *Bul. Soc. géol. Fr.*, 3e série, t. III, p. 378 à 384.
(2) Delage. *Strat. ter. prim. de l'Ille-et-Vilaine*, pl. VII, fig. 8, p. 113.

sur la rive gauche de la Mayenne dans les talus de la route allant vers Louverné, en passant un peu au nord de la ferme de la Lardière.

C'est au même âge qu'appartiennent les gisements du Haut-Beauvais (N.-E. Changé), où l'on voit dans une exploitation située sur la rive droite du ruisseau de Brunard, les bancs ayant une inclinaison de 40° N. M. Triger a aussi indiqué sur sa carte la présence du calcaire dévonien au N.-E. de la Morinière et de la Piochère, et enfin, il a été constaté dernièrement en creusant pour faire les fondations d'un ponceau, au sud du village de la Marpaudière. Ces gisements ne se présentent pas avec la même continuité que ceux de la bande de Saint-Germain, Saint-Jean, aussi sont-ils indiqués d'une façon sporadique au milieu des schistes supérieurs. Nous les considérons comme des réapparitions d'un même dépôt ramené à la surface du sol, par suite de plissements, dont il est du reste facile de constater l'existence sur un certain nombre de points. Nous citerons en particulier les plis que nous avons observés dans les carrières des Jalleries, du Haut-Beauvais, de la Roussière, etc.

Sur la rive droite de la Mayenne, entre Saint-Jean et le moulin de Belle-Poule, les schistes dévoniens se montrent sur une grande étendue, et présentent parfois de petites couches calcaires ; ils ne doivent certainement la grande épaisseur qu'ils atteignent dans cette région qu'à de nombreux replis, qu'il est malheureusement difficile de constater parce que la schistosité fait presque toujours disparaître dans ces roches toute trace de stratification.

Ces schistes sont fossilifères sur un certain nombre de points, mais les espèces sont presque toujours mal conservées et la plupart indéterminables.

Sur la rive gauche de la Mayenne, outre la bande de Saint-Jean et son prolongement, il existe encore trois petites bandes calcaires, situées plus au sud, ainsi qu'une autre, placée au nord passant dans le bois du Franchet, au sud de la Merveille. Cette dernière bande, qui se continue vers l'ouest et qui est indiquée dans la coupe transversale d'Andouillé à Saint-Berthevin, a donné lieu autrefois à quelques exploitations qui durent être abandonnées, par suite du peu de puissance des bancs (1).

Dans la coupe générale que nous venons de citer, entre Montsurs et Louverné, ainsi que dans la coupe transversale de Gesnes à Argentré, M. Triger a représenté un certain nombre de couches de calcaire et de schistes, souvent peu importantes, qu'il considérait comme dévoniennes. Nous confirmerons les vues de l'auteur en ce qui concerne le calcaire de Saint-Céneré, exploité sur la rive gauche de la Jouanne; la faune de ce calcaire, quoique peu riche, offre de très grandes analogies avec celle de la Baconnière, Saint-Germain et Saint-Jean-sur-Mayenne; à la partie inférieure de ce calcaire, entre celui-ci et le grès à *Orthis Monnieri*, il existe des schistes dans lesquels nous avons recueilli des formes rappelant par leur ensemble la faune des calcaires de la Sarthe, et parmi lesquelles nous citerons les espèces suivantes qui ne se retrouvent pas dans les calcaires de la Baconnière, Saint-Germain, Saint-Jean, etc., etc.

Phacops Potieri Bayle.
Loxonema Hennahiana Phil.
Retzia lepida Gold. sp.
Spirifer Davousti Vern.
Orthis Gervillei Barr.
— *Trigeri* Vern.
— *Michelini* Leveillé.
Leptæna clausa Vern.
Michelinia geometrica Miln. Edw. et Haime.

Nous avons déjà appelé l'attention sur ce fait (2), qui peut s'expliquer, soit par une modification provenant de conditions différentes d'existence, soit par la superposition de couches à faunules distinctes.

Nous signalerons encore la présence du calcaire dévonien à l'est du département, à Saint-Pierre-sur-Erve, où il est exploité, en face du bourg, sur la rive gauche de l'Erve.

(1) Triger. *Profil du chemin de fer de Paris à Brest.*
(2) Œhlert. *Bul. Soc. géol. Fr.*, 3e série, t. V.

Ce calcaire fait partie d'une bande qui pénètre dans la Sarthe, et passe à Viré, localité bien connue des paléontologistes.

C'est également au terrain dévonien qu'il faut rapporter la bande de schiste des Châteaux, au sud de Thorigné ; les fossiles que nous y avons recueillis ne laissent aucun doute sur l'âge de ce dépôt que M. Triger considérait comme carbonifère.

Le calcaire de Bannes est aussi dévonien ; M. l'abbé Davoust y avait récolté les espèces suivantes :

Pterinea subelegans de Vern.
Leda fornicata Goldf.
Spirifer Rousseau Rou.
Athyris subconcentrica Vern.
Retzia lepida Goldf. sp.
Atrypa reticularis L. sp.
Orthis Michelini Lev.
— *Gervillei* Bar.
Leptæna Murchisoni Vern.
Streptorhynchus devonicus Keyserl.

Enfin au sud-est, citons encore la bande de calcaire et de schistes qui, concurremment avec le grès à *Orthis Monnieri*, entoure le bassin anthraxifère de Fercé, Solesmes, etc.

Au sud de la bande carbonifère de Laval, le calcaire dévonien n'a pas été signalé ; ce terrain n'est représenté dans la région méridionale que par des grès que nous avons décrits précédemment, ainsi que par des schistes. Nous citerons entre autres les schistes du chemin des Charbonniers au sujet desquels nous reviendrons lorsque nous traiterons du gisement d'anthracite de l'Huisserie-Montigné.

TERRAIN CARBONIFÈRE

Le terrain carbonifère, ainsi que nous l'avons dit en commençant cette étude, occupe le centre du bassin anthracito-calcaire de Laval, et se trouve compris pour sa majeure partie, entre des bandes dévoniennes situées au nord et au sud.

Ce terrain, auquel actuellement on rattache généralement le permien, comprend les trois étages suivants :

3. — Et. Permien.
2. — — Houiller.
1. — — Anthraxifère (calc. carbonifère prop. dit).

L'étage anthraxifère est caractérisé par d'épaisses couches de calcaire saccharoïde exploité comme marbre, par des schistes, et par des dépôts d'anthracite ; ces derniers sont des formations littorales connues sous le nom de *Culm*, et sont l'équivalent d'une partie des calcaires carbonifères proprement dits, ou dépôts marins.

Dans l'ouest de la France, ces deux facies sont également représentés ; nous décrirons d'abord les dépôts marins.

Calcaire carbonifère. — Blavier avait déjà distingué deux sortes de calcaires, dont l'un renferme de nombreuses térébratules, tandis que l'autre est caractérisé par la présence d'encrinites et par l'absence de térébratules : c'est à ce dernier qu'il rapporte les bandes calcaires de « Grèz-en-Bouère, de Saint-Loup, de Préaux et de « Laval, ainsi que les masses isolées de Saint-Pierre-« la-Cour (1). »

Cet auteur réunit toutes ces roches dans les *terrains de transition* sans préciser leurs relations d'âge.

Dufrénoy (2) considéra tout d'abord le calcaire à

(1) Blavier. *Statistique*, p. 71.
(2) Dufrénoy, 1838. *Ann. des Mines*, t. XIV, p. 371 et 397.

Amplexus comme occupant la partie supérieure du terrain silurien. Ce calcaire, réuni à l'anthracite et à des bancs de poudingues, constituait, pour cet auteur, le groupe anthraxifère qu'il regardait comme l'équivalent du *Ludlow* (sil. sup.) ; d'après lui, les étages correspondant au vieux grès rouge, au calcaire de montagne et au millstone-grit, manquaient en Bretagne.

Quelques années plus tard, dans sa description géologique de cette presqu'île, il fit du groupe anthraxifère, l'équivalent du dévonien, et le calcaire à Amplexus fut placé à la partie supérieure de ce terrain.

« Le calcaire, dit-il, prend parfois un grand déve-
« loppement et une prédominance marquée, notamment
« dans les environs de Chemeré et de Sablé, où il forme la
« partie supérieure du terrain. La présence, dans le calcaire
« de Sablé, de Productus et de plusieurs autres fossiles
« analogues à ceux que l'on trouve dans le calcaire du
« Derbyshire (calc. de montagne), a engagé plusieurs
« géologues à associer le calcaire supérieur du terrain
« dévonien au calcaire métallifère (Zechstein). L'alternance
« que nous venons d'indiquer entre les différentes roches de
« ce terrain ne nous permet pas d'adopter cette opinion.
« Le calcaire de Sablé est d'un beau noir ; il contient de
« nombreux fossiles ; les principaux sont des térébratules,
« des productus, des orthocères et des amplexus. Ce dernier
« fossile est caractéristique de ce calcaire supérieur, il est
« ordinairement très abondant et atteint des dimensions qui
« ne lui sont pas habituelles. On n'y a pas encore trouvé
« de trilobites (1). »

M. de Verneuil fut le premier, qui, d'après les caractères paléontologiques, rapporta le calcaire supérieur de Sablé au terrain carbonifère. « En France, nous n'avons, dit-il, de
« calcaire de montagne bien caractérisé que sur les fron-
« tières de la Belgique et à Marquise, près de Boulogne,
« où il repose sur le terrain silurien. Cependant, j'y
« rapporte encore, à cause de leurs fossiles et malgré

(1) Dufrénoy. *Exp. carte géol. Fr.*, t. I p. 233-234.

« d'importantes autorités, les calcaires supérieurs de « Sablé, près du Mans..... (1) »

Cette opinion fut confirmée l'année suivante par M. d'Archiac, à la réunion extraordinaire de la Société géologique de France, à Angers (2).

Lors de la réunion au Mans, en 1850, M. de Verneuil appela de nouveau l'attention sur le calcaire de Sablé, et établit que le terrain anthraxifère de la Sarthe, qui comprend à la base des couches d'anthracite, puis des assises calcaires, et ensuite de nouvelles couches charbonneuses, appartient à la période carbonifère ancienne. Le calcaire de cette région est comparé par ce géologue, à celui de Visé, Namur, etc. (3).

Ce parallélisme n'avait toutefois rien d'absolu, car, à cette époque, aucune division n'avait été sérieusement établie dans les calcaires carbonifères de Belgique, et M. de Koninck rapportait le calcaire de Sablé à l'étage de Tournay, qu'il considérait alors comme formant la partie supérieure du calcaire carbonifère de Belgique, tandis qu'il plaçait les couches de Visé à la base (4).

Plus tard, M. Gosselet démontra que c'est l'inverse qui a lieu, et les géologues se basant sur les caractères paléontologiques aussi bien sur la disposition des couches, reconnurent trois divisions principales :

3. — Visé, *Prod. giganteus.*
2. — Vaulsort, *Sp. striatus.*
1. — Tournay, *Sp. mosquensis.*

Parfois les niveaux inférieurs manquent, et on voit le calcaire de Visé reposer directement sur le dévonien. C'est ce fait qui se présente dans la Mayenne et dans la Sarthe où l'on n'a pas constaté, jusqu'à présent, les deux niveaux inférieurs.

---

(1) 1840. *Bul. Soc. géol. Fr.*, 1re série. t. XI, p. 174.
(2) 1841. *Bul. Soc. géol. Fr.* 1re série, t. XII, p. 479-480.
(3) *Bul. Soc. géol. Fr.*, 2e série, t. VII.
(4) Koninck. *Recherc. ass. carb. belg.*, 1844.

Les listes publiées par MM. de Verneuil (1) et Guéranger (2), ont pu être considérablement augmentées par suite de nos propres recherches et de la découverte d'un gisement assez riche en fossiles, qui se trouve dans la carrière de Saint-Roch, près Changé, et qui nous a permis de rattacher ces calcaires au sous-étage de Visé, c'est-à-dire à la partie supérieure du calcaire carbonifère, tel qu'il est compris par les géologues. Cette opinion a du reste été confirmée par M. de Koninck à la science duquel nous avons eu recours pour l'examen de nos échantillons et qui a mis la plus grande obligeance à nous donner les renseignements et les déterminations dont nous avions besoin, ce dont nous sommes heureux de le remercier ici.

Les fossiles récoltés dans la carrière de Saint-Roch nous ont fourni la liste suivante :

Griffithides globiceps Phill.
Phillipsia seminifera Phill.
Phillipsia n. sp.
Goniatites rotiformis Phil.
— *serpentinus* Phill.
— *striatus?* Sow.
Capulus n. sp.
— *rectus* de Ryckolt.
Macrocheilus sp.
Aviculopecten n. sp.
— *alternatus* M'Coy.
— *Murchisoni* M'Coy.
Lonsdalia rugosa Martin.
Omalia striata Portlock.
Athyris n. sp.
— voisine de *A. squaminifera* de Kon.
— *ambigua* Sowerby.
Aulacorhynchus n. sp.
Chonetes indét.
Chonetes dalmaniana de Kon.

---

(1) *Bul. Soc. géol. Fr.*, 1850, 2e série, t. VII, p. 776-777.
(2) Guéranger. *Répert. paléont. Sarthe*. 1853, p. 13-15.

Camarophoria crumena Martin sp.
Orthis Michelini Leveillé.
— *resupinata* Martin.
Orthotetes crenistria Phillips.
Productus aculeatus Martin.
— *cora* d'Orb.
— *fimbriatus* Sow.
— *forbesianus* de Kon.
— *margaritaceus* Phill.
— *punctatus* Martin.
— *semireticulatus* Martin.
— *spinulosus* Sow.
— *undatus* Defrance.
Retzia radialis Phill.
Rhynchonella acuminata Martin.
— *platyloba* Sowerb.
— *pleurodon* Phill.
— *pugnus* Martin.
Spirifer bisulcatus Sow.
— *duplicostatus* Phill.
— *glaber* Martin.
— *imbricatus* Phill.
— *integricosta* Phill.
— *lineatus* Martin.
Strophomena analoga Philips.
Terebratula hastata Sow.
Pentremites ellipticus Gilbertson.
— *Derbyensis* Sow.
— *orbicularis* Gilbertson.
Platycrinus sp.
— *tuberculatus* Miller.

La carrière du Rocher, près Argentré, nous a aussi fourni un certain nombre d'espèces. Le gisement de La Viosne, près Saint-Ouen-des-Toits, qui nous a été signalé par M. Saminn est également très fossilifère.

Les espèces que nous avons rencontrées sur ces différents points nous ont permis de déterminer d'une façon précise l'âge du « grand dépôt calcaire qui va de Juigné à Asnières,

« Poillé, Épineux, Monfrou, La Bazouge, Soulgé, Argentré, « Louverné et Saint-Ouen (1). »

Nous étions déjà arrivé à ce résultat dans l'été de 1879, et nous avions publié nos conclusions le 16 février 1880, à la Société géologique (2), de sorte que nous ne voyons pas ce qui a pu faire conserver à M. Dorlhac la classification adoptée autrefois par M. de Koninck et que ce savant a abandonnée lui-même depuis longtemps.

Le calcaire carbonifère, dans la Mayenne et dans la Sarthe, présente des aspects différents au point de vue minéralogique et qui semblent se répéter toujours dans le même ordre. M. de Verneuil avait déjà indiqué dans le calcaire de Juigné, la présence de concrétions siliceuses, ainsi que la texture oolitique de certains bancs calcaires. M. Triger, dans sa classification des calcaires carbonifères de la Sarthe, admet trois divisions :

3. — Calc. spathique.
2. — Calc. oolitique.
1. — Calc. à phtanite.

Ces trois facies du calcaire carbonifère s'observent dans la plupart des carrières, et nous les avions nous-même remarqués avant de connaître l'opinion de M. Triger. C'est ainsi que nous avions reconnu la présence de bancs calcaro-siliceux existant à Changé, à la base de cette formation. Nous avions constaté de même, que dans les exploitations de Louverné, les bancs à phtanite occupent la partie inférieure des calcaires, qu'au dessus se trouvent des bancs oolitiques, et qu'enfin, au sommet, existent des bancs spathiques exploités comme marbre. Nous avons retrouvé le facies oolitique à Saint-Pierre-sur-Erve, aux fourneaux à chaux situés sur la route allant de ce bourg à Thorigné.

Le calcaire carbonifère dont nous venons de parler, est, en général, d'un beau noir, presque toujours compact et présentant souvent des veines de spath calcaire blanc qui sont

(1) De Verneuil. *Bul. Soc. géol. Fr.*, 2e série, t. VII.
(2) *Bul. Soc. géol. Fr.*, 3e série, t. VIII, p. 275.

venues remplir les fissures de cette roche et qui lui ont rendu toute sa solidité primitive.

Il existe encore d'autres dépôts calcaires qui appartiennent au même terrain, mais que nous ne saurions assimiler aux premiers, ainsi que l'a fait dernièrement M. Dorlhac (1).

Ceux-là sont schistoïdes et se terminent souvent à leur partie supérieure par un ou plusieurs bancs de calcaire amygdaloïde coloré soit en rouge, soit en vert, par du fer à l'état de peroxyde ou de protoxyde.

Il rappelle, dans ce cas, comme aspect minéralogique, le marbre des Pyrénées connu sous le nom de marbre de Campan ou de marbre griotte, mais il n'appartient pas au même âge, les marbres de Campan étant, d'après M. Barrois (2), recouverts par le calcaire à *Productus* et appartenant au carbonifère inférieur, tandis que nous considérons le calcaire amygdaloïde, si bien caractérisé dans les carrières ouvertes dans la ville même de Laval, (rive droite), comme étant supérieur aux calcaires de Saint-Roch, Louverné, Argentré, etc., c'est-à-dire à l'étage de Visé. Ce sont ces derniers que nous décrirons tout d'abord, comme appartenant au plus ancien de ces deux dépôts.

Le calcaire carbonifère a été signalé par M. Delage à la limite du département de la Mayenne, à la carrière de la Clairie (sud de Bourgon). Il est également connu au Haut-Feil, à Bois-Bel, puis forme une bande nord-sud, bordant à l'est le bassin houiller de Saint-Pierre-la-Cour, on le retrouve à l'Euche et aux Fourneaux de Saint-Pierre-

---

(1) 1881, Dorlhac. *Age des combustibles.* Bul. Soc. ind. min., 2e série, t. X, p. 29.

Nous ne pouvons pas davantage admettre, avec cet auteur, que le calcaire de Montjean et de Chalonnes (Maine-et-Loire), soit l'équivalent du calcaire de Sablé. Nous avons déjà publié sur ce sujet, deux notes (*), dans lesquelles nous avons développé notre manière de voir à cet égard et combattu l'hypothèse émise, du reste, d'une façon dubitative, par M. de Tromelin.

(2) Barrois. *Marbre griotte des Pyrénées*, Ann. Soc. géol. Nord., t. VI, 1879.

(*) *Bul. Soc. géol. France*, 3e série, t. VIII, p. 276. *An. de Sc. géol.*, t. XII, 1882.

la-Cour où MM. de Tromelin et Lebesconte ont signalé : « *Phillipsia gemmulifera* Phill., *Phill. Derbyensis* Mart. « sp. *Spir. striatus* Martin, avec de nombreux fragments « de Bryozoaires, de Crinoïdes et de Polypiers, dans la « grauwacke jaune qui supporte le calcaire noir carbo- « nifère..... (1). »

Ce calcaire réapparaît à l'ouest du bassin de Saint-Pierre-la-Cour, à l'Embuche et aux Feux-Vilaines.

A l'est et au nord-est de la région dont nous venons de parler, le calcaire carbonifère forme une bande qui se recourbe suivant le contour sud du bassin de la Baconnière et qui va du Bourgneuf à Saint-Ouen en passant par les exploitations du Clos-Ligeard et de la Viosne. Dans cette dernière carrière, nous avons recueilli un certain nombre de fossiles sur un point où le calcaire est en partie décomposé. C'est sans doute au même étage qu'appartient le calcaire signalé par Blavier au Gué de la Châtre (2), et que nous n'avons pu examiner que d'après des fragments épars dans les champs.

Au nord de Changé, M. Triger indique, sur certaines de ses cartes, sur la rive gauche du ruisseau de Changé, trois bandes calcaires parallèles, appartenant au terrain carbonifère. Cette même indication se trouve répétée dans la coupe allant d'Andouillé à Saint-Berthevin (3).

C'est dans la bande la plus méridionale qui passe à Grande-Fontaine, et qui est exploitée à Saint-Roch, que nous avons rencontré les premiers fossiles qui nous aient permis de connaître l'étage auquel doit être rapporté ce calcaire qui se retrouve dans la route même de Changé, à Saint-Germain, à la Barberie, ainsi que dans la butte du Verger.

Sur le bord abaissé de la faille dans laquelle coule la Mayenne, c'est-à-dire sur la rive gauche de cette rivière, le

---

(1) De Tromelin et Lebesconte. *Bul. Soc. géol. Fr.*, 3e série, t. IV, p. 621.

(2) Blavier. *Statistique, Mayenne*, p. 10, pl. 2, fig. 10.

(3) Triger. *Profil en long du chemin de fer de Paris à Brest.*

calcaire disparaît généralement sous les dépôts tertiaires et les couches d'alluvion. Il réapparaît cependant sur la route de Laval à Louverné où l'on voit plusieurs bandes parallèles qui ont donné lieu aux exploitations de Chambords et de la Chopinière, et présente un très grand développement au sud de la Beaugrandière. Le calcaire constitue en ce point une large bande, dans laquelle de nombreuses carrières ont été ouvertes, et qui, quoique fréquemment cachée par des dépôts sableux, se poursuit sans interruption dans une direction E.-S.-E., jusqu'aux bourgs d'Argentré et de Soulgé, c'est-à-dire sur plus de 25 kil. de long.

Ce même calcaire forme un énorme pli à l'est de La Bazouge de Chemeré, produisant ainsi une nouvelle bande qui se divise et qu'on retrouve à Chemeré-le-Roi, entre Saulges et Saint-Pierre-sur-Erve, ainsi qu'à Cossé-en-Champagne, et au nord et au sud d'Épineux-le-Séguin.

Ces bandes pénètrent dans le département de la Sarthe, mais disparaissent bientôt sous des dépôts plus récents.

Nous devons encore citer les calcaires de Saint-Loup et de Boissay qui forment l'extrémité occidentale d'un bassin elliptique dont l'autre extrémité se trouve à Solesmes, entre Juigné et Sablé.

Tous ces calcaires, ainsi que nous venons de le montrer, diffèrent du calcaire dévonien par l'allure générale de leurs couches, qui forment des bandes continues et non des amas se perdant au milieu des roches schisteuses. De plus, la texture plus homogène de ce calcaire, les nombreuses facettes d'encrines qu'il renferme, sont aussi des caractères qui lui sont propres. Nous ferons également remarquer la rareté des fossiles, qui ne s'y trouvent que sporadiquement, tandis que dans les calcaires dévoniens les bancs non fossilifères sont une exception.

Outre le gisement de fossiles de Saint-Roch, près Changé, nous devons encore citer ceux de Saint-Ouen, de Louverné, d'Argentré, de Soulgé, de Chemeré, de Cossé et de Sablé.

La méthode chronologique que nous avons adoptée dans la description des terrains compris dans la carte Triger, nous a fait successivement rencontrer, suivant une direction nord-sud, les différents étages dans leur ordre d'apparition. Ainsi nous avons vu d'abord le silurien formant au nord de l'arrondissement de Laval une bande qui contourne le granit et qui se prolonge dans la Bretagne. Ensuite nous avons trouvé des grès, des calcaires et des schistes dévoniens qui s'avancent moins loin que le terrain précédent, mais qui occupent encore une large place dans la constitution géologique du département d'Ille-et-Villaine. Enfin, remontant la série des terrains paléozoïques, c'est au sud de cette dernière région que nous rencontrons le terrain carbonifère dont l'étendue est encore moins considérable, puisqu'il s'arrête à la limite du département d'Ille-et-Vilaine.

Ce fait indique que, d'une façon générale, pendant la durée des temps paléozoïques, il s'est produit un exhaussement de la presqu'île bretonne : les surfaces occupées par les différents dépôts de cette grande période étant d'autant moins importants que ceux-ci sont plus récents. Toutefois, nous ne prétendons nullement considérer les limites actuelles comme indiquant les contours des anciennes mers, l'étendue des dépôts ayant toujours été extrêmement amoindrie par suite des plissements, et une partie des couches ayant parfois disparu par suite de failles ou d'érosions.

Enfin, il existe encore plus au sud que les dépôts silurien, dévonien et carbonifère que nous venons de décrire, d'autres masses calcaires qui s'étendent encore moins loin du côté de l'ouest ; elles sont visibles sur la rive droite du ruisseau de Changé, de même qu'entre Laval et Saint-Berthevin. La position topographique de ce dépôt ainsi que la surface qu'il occupe, nous fournissent une première raison pour le considérer comme étant supérieur au calcaire carbonifère de Saint-Roch (sous-étage de Visé).

Le ruisseau qui va du village des Landes au bourg de Changé, et qui là, se jette dans la Mayenne, coule dans une faille qui a coupé obliquement les couches et présente près de Changé, sur chacune de ses rives, les deux sortes de calcaires dont nous venons de parler. En effet, sur la rive gauche, se trouve le calcaire de Saint-Roch, noir, compact, avec veines de spath, nettement caractérisé par sa faune qui nous l'a fait rapporter à l'étage de Visé (carb. sup). Sur la rive droite, au contraire, on rencontre dans les nombreuses exploitations de la Couldre, Bel-Air, la Torchonnière, etc., des bancs plusieurs fois repliés, à texture amygdaloïde, souvent schisteux, et n'offrant que de rares fossiles indéterminables.

Dans la vallée qui sépare ces dépôts, on trouve en allant du nord au sud, c'est-à-dire en remontant de bas en haut la série des assises, immédiatement au-dessus du calcaire de Saint-Roch, une épaisseur de 60 à 70^{m}, environ, de schistes dans lesquels se trouvent intercalés quelques bancs de grès et de phtanite, contenant des tiges d'encrines.

La terre végétale recouvrant le fond de la vallée, empêche de reconnaître la nature du sol sous-jacent, et ce n'est qu'à plus de cent mètres du ruisseau, dans un chemin creux longeant la châtaigneraie qui domine le bourg de Changé, que l'on peut reprendre la continuation de la coupe précédente.

On remarque d'abord des schistes argileux qui passent à la grauwacke et renferment quelques fossiles ; puis, viennent des bancs contenant d'énormes nodules ferrugino-calcaires, surmontés eux-mêmes de couches de grès ferrugineux (50 mètres), et de schistes argileux (25 mètres), au-dessus desquels se trouve le calcaire amygdaloïde. Celui-ci, après s'être replié plusieurs fois, fait place aux schistes carbonifères, puis réapparaît de nouveau dans la ville de Laval où il est nettement caractérisé; c'est pourquoi nous le désignerons sous le nom de *calcaire de Laval*, pour le distinguer du calcaire noir, avec veines de spath de Saint-Ouen, Louverné, Chemeré, etc., etc., dont le type le plus anciennement connu est celui de Sablé, et que nous appelons pour cette raison : *calcaire de Sablé*.

La faille dont nous avons parlé, et qui, à Changé, sépare le calcaire de Sablé de celui de Laval, a dû faire disparaître un certain nombre de couches.

En remontant le ruisseau des Landes, les couches de calcaire amygdaloïde coupées obliquement par la vallée, se montrent à la Cotentinière, ainsi que de l'autre côté du ruisseau ; mais au nord de ce point, dans un petit chemin allant rejoindre le chemin vicinal de Changé aux Chênes-Secs, il existe une exploitation de grès, inférieurs au calcaire de Laval, qui manquent près de Changé, dans la vallée séparant les carrières de Saint-Roch et de Bel-Air.

Le calcaire de Laval qui passe à la Cotentinière et à La Couldre se termine, comme nous l'avons dit, par plusieurs bancs rouges ou verts, rappelant par leur aspect le marbre de Campan, et au-dessus desquels se trouvent des grès feldpathiques, dont l'épaisseur varie de 10 à 50^{m}. Les bancs calcaires, dans la carrière de La Couldre, ont une inclinaison de 50° à 75° sud, tandis que la schistosité, ainsi que le plan suivant lequel sont disposés les noyaux qui constituent ce calcaire, est au contraire N. 5°.

Cette schistosité qui reste toujours sensiblement la même quelle que soit l'inclinaison des bancs, est souvent assez développée pour permettre d'exploiter le calcaire suivant un plan entièrement différent de celui de la stratification, ainsi qu'on le voit dans la carrière de la Torchonnière. Nous pourrions citer de nombreux exemples de ce fait qui se répète fréquemment dans les couches calcaires et schisteuses du terrain carbonifère ; nous nous bornerons seulement à signaler quelques cas qui nous paraissent plus particulièrement intéressants.

Le calcaire de la Couldre, ainsi que nous l'avons dit, réapparaît à Laval : les deux affleurements étant séparés l'un de l'autre par un dépôt schisteux, supérieur au calcaire, et qui lui est intimement uni. La route traverse ces schistes perpendiculairement à leur direction, sur une longueur de plus de 2,000 mètres ; toutefois, leur épaisseur réelle est loin d'atteindre ce chiffre élevé, car les couches ont été évidemment repliées plusieurs fois sur elles-mêmes, mais, par suite de la dénudation, et de la disparition de toute trace de stratification au profit de la schistosité, il est souvent impossible de distinguer les plis. Nous avons cependant constaté, à la surface du sol, dans le chemin qui va des Ormeaux à la Croix de la Gaule, deux plis rendus visibles par les différences minéralogiques et l'inégalité d'imperméabilité des couches. A Laval même, dans la rue du Préau-Sainte-Catherine, il existe un autre pli anticlinal bien distinct, dans lequel la schistosité reste constamment verticale, tant au sommet de la voûte que de chaque côté du pli. Nous avons signalé ce fait à M. Jannettaz qui a donné une coupe de cette selle (1) et qui a décrit les caractères physiques et minéralogiques des différentes couches qui la forment.

Dans la ville même de Laval, le calcaire présente une série de bandes parallèles qui traversent obliquement la Mayenne, se montrant exclusivement sur la rive droite, où elles constituent concurremment avec des schistes, une colline sur laquelle est bâtie l'ancienne ville. Il existe là, comme à Changé, des plis synclinaux et anticlinaux qui font constamment réapparaître les mêmes couches. Les bandes calcaires disparaissent à l'est, de l'autre, côté de la Mayenne et les schistes seuls restent visibles sur quelques points : la majeure partie de cette rive étant recouverte par des alluvions de la Mayenne et par des sables quaternaires et tertiaires. Dans les carrières de calcaire, exploitées pour la construction de la ville, nous avons remarqué certains phénomènes de fracture et de schistosité que nous croyons devoir indiquer ici.

Dans la carrière du Haut-Beauvais, où le calcaire forme un pli anticlinal à côtés inégalement inclinés, la schistosité est constamment sud, de telle sorte qu'elle concorde avec la stratification sur le versant méridional du pli, tandis qu'elle coupe obliquement les couches sur le versant opposé.

Nous signalerons de plus, dans cette même carrière, un fait que nous avons observé fréquemment dans l'inclinaison des couches et qui est ici nettement appréciable.

Comme on le sait, le sommet des bancs qui forment les deux versants d'une vallée, se déversent fort souvent à leur partie supérieure, vers le fond de cette vallée. C'est ainsi que dans l'exploitation du Haut-Beauvais, les bancs, sur le

Ed. Jannettaz. *Propagat. de la chaleur dans les roches*, Bul. Soc. géol. Fr., 3e série, t. IX, pp. 206, 209, 1881.

versant nord du pli anticlinal, pendent sur toute leur étendue de 80° N., tandis que leur partie supérieure seule, très fracturée, mais conservant cependant toutes les traces d'une stratification bien distincte, devient verticale, puis se couche de façon à décrire un arc de cercle dont la concavité est tournée vers le fond de la vallée.

Dans une autre carrière, celle de la Boulonnerie, la schistosité varie suivant la nature minéralogique des bancs et suivant leur compacité plus ou moins grande. En effet, dans une partie de cette exploitation, les couches calcaires, inclinées au sud (40°), alternent avec des lits de schistes très réguliers. Dans les bancs calcaires, la schistosité est presque verticale (80° S.), tandis que dans les bancs de schistes, elle est parallèle à la stratification. Au contact d'un banc de schiste et d'un banc calcaire, la schistosité passe graduellement à l'un ou à l'autre système suivant qu'elle se rapproche davantage du calcaire ou du schiste.

La schistosité de la roche la plus compacte, c'est-à-dire du calcaire, s'est développée normalement à la pression latérale qui a agi sur l'ensemble de ce dépôt, tandis que la schistosité qui s'est produite dans une couche argileuse, a été le résultat de la pression des deux bancs calcaires situés au toit et au mur de cette couche, or la schistosité se développant perpendiculairement à la pression, se trouve, par suite, être parallèle à la stratification. De plus, les bancs calcaires étant séparés par des bancs argileux, ont dû, lors de ces actions mécaniques, glisser les uns sur les autres, et par suite, laminer les bancs intercalés entre eux.

Le calcaire de Laval, après avoir disparu sous les lambeaux de sables qui couvrent les hauteurs entre Laval et Forcé, réapparaît à Forcé même, dans la vallée de la Jouanne, puis, plus à l'est, près de Parné.

Au sud-est de la carte Triger, nous citerons encore comme appartenant au terrain carbonifère, la bande calcaire de Préaux et la masse elliptique de Bouère.

Il nous reste enfin à signaler des grès, avec bancs de schistes intercalés, qui sont visibles au Bois-Gamast, près Laval, et que nous rapportons au même terrain d'après quelques fossiles que nous y avons recueillis. Malheureusement leur mauvais état, ainsi que l'insuffisance des renseignements, ne nous permettent pas actuellement de préciser davantage l'âge de ces grès qui se retrouvent sur les bords de la Jouanne, entre Forcé et Entrammes.

COMBUSTIBLES

Anthracite. — Houille.

Les dépôts de charbon (anthracite et houille) connus jusqu'à présent dans le département de la Mayenne, appartiennent tous à la période carbonifère : les uns occupent des niveaux différents dans la partie inférieure de ce terrain, les autres (houille de Saint-Pierre-la-Cour), sont plus récents et font partie du terrain houiller. Aucun dépôt charbonneux, appartenant au terrain permien, n'a été signalé dans cette région (1).

Les gisements d'anthracite en particulier, ont donné lieu, depuis le commencement du siècle, à des exploitations qui, autrefois, ont été très nombreuses. Depuis quelques années, plusieurs d'entre elles ont été abandonnées, et, actuellement, il n'existe plus que trois gisements exploités : l'Huisserie-Montigné, Le Genest et La Bazouge-de-Chemeré.

De 1828 à 1843, plus de 25 demandes de concessions de mines furent adressées au Gouvernement, et en 1836, il existait 11 concessions distinctes.

Parmi tous ces travaux de recherches, souvent pris au hasard, beaucoup ne purent être poursuivis ; c'est ainsi que l'on vit des chercheurs trompés par l'aspect noirâtre des schistes ampéliteux du silurien supérieur, ouvrir des puits

---

(1) Le bassin de Littry-Plessis, dans la basse Normandie, appartenant à l'étage supra-houiller de M. Grand-Eury, est surmonté de schistes bitumineux dans lesquels on a découvert des empreintes de poissons. Ces schistes, qui paraissent identiques à ceux de Muse, près Autun, seraient, dans l'ouest de la France, les seuls représentants signalés jusqu'ici du terrain permien.

dans ce terrain qui n'a jamais fourni aucun dépôt de charbon. Dans d'autres cas, les veines ne présentaient pas une épaisseur suffisante pour couvrir les frais d'extraction; enfin l'épuisement de l'eau, nécessitant parfois des frais considérables, dut faire abandonner plusieurs gisements.

Blavier, dans une note publiée dans les *Annales des Mines*, ainsi que dans sa statistique minéralogique sur le département de la Mayenne, a donné sur l'exploitation des dépôts de charbon, des renseignements industriels et techniques auxquels nous renvoyons ; sur ces questions, on pourra aussi consulter avec fruit l'intéressant travail de M. Dorlhac (1), sur les méthodes d'exploitation des mines de la Mayenne et de la Sarthe.

Blavier, dès 1834, indiqua que le bassin houiller de Saint-Pierre-la-Cour « repose en stratification non concor-
« dante sur les formations à anthracite, en sorte que la
« question des âges relatifs de l'anthracite et de la houille
« reçoit ici une complète et satisfaisante solution. »

Il émit aussi l'opinion que les végétaux fossiles des grauwackes schisteuses de La Baconnière, parmi lesquelles se distinguent quelques variétés de fougères, sont « évidemment différentes de celles rencontrées dans le terrain houiller de Saint-Pierre-la-Cour (2). »

L'allure des dépôts d'anthracite présente, du reste, des caractères distinctifs de celle des couches houillères. En effet, tandis que les formations houillères, sont disposées en couches régulières, peu inclinées, et forment des bassins reposant en stratification discordante sur le terrain carbonifère, les dépôts d'anthracite, au contraire, compris entre les couches de ce même terrain, sont redressés parfois jusqu'à la verticale.

Blavier a donné sur l'allure des dépôts d'anthracite, des détails très exacts que MM. Dufrénoy et Dorlhac n'ont fait que reproduire.

« Les couches d'anthracite se prolongent rarement avec

(1) Dorlhac. *Bul. Soc. ind. min.*, t. VII, 1862.

(2) Blavier. *Ann. des Mines*, 3e série, t. VI, p. 67. — *Statistique*, p. 77.

« une allure constante sur une étendue un peu considérable...
« Tantôt ce sont des espèces de lentilles, s'amincissant sur
« les bords latéraux et dans la profondeur ; tantôt, au con-
« traire, ce sont des *amas* prismatiques, s'enfonçant presque
« verticalement..... On ne trouve que rarement dans la
« Mayenne les veines d'anthracite groupées, comme les
« couches de houille dans les bassins houillers, par faisceaux.
« Dans la plupart des exploitations, on ne trouve qu'une
« seule veine, laquelle se divise fréquemment en deux
« branches, qui tantôt se réunissent et tantôt courent sépa-
« rées plus ou moins longtemps..... Dans la localité de la
« Baconnière, cela ne se passe pas ainsi ; il y a, au con-
« traire, un grand nombre de veines d'anthracite resserrées
« dans un assez petit espace. »

« Au toit et au mur des couches d'anthracite, on trouve
« communément des couches de schistes argileux, noirâtres
« ou grisâtres, qui présentent des empreintes plus ou moins
« multipliées..... »

« Le calcaire-marbre n'a pas été trouvé en contact avec
« l'anthracite ; mais il en est dans quelques cas très rap-
« proché (15 ou 20 mètres au plus), et en général peu éloi-
« gné. La seule localité de L'Huisserie présente des couches
« d'anthracite assez éloignées du calcaire (1). »

Quant à l'âge de ces dépôts, aucun auteur n'indiqua tout d'abord d'une façon précise leur relation, soit avec le terrain dévonien, soit avec le calcaire carbonifère.

En 1838, Dufrénoy (2) considère les couches d'anthracite de la Mayenne comme inférieures au calcaire de Sablé.

En 1844, M. de Verneuil admet « que les couches à com-
« bustibles de l'ouest de la France appartiennent au système
« carbonifère et sont superposées au système dévonien.....
« Les anthracites et les houilles des bords de la Loire ainsi
« que celles de la Mayenne, de la Baconnière et de Sablé,
« ajoute-t-il plus loin, sont inférieures au calcaire de Mon-
« tagne, ou alternent avec lui comme à Sablé (3). »

(1) Blavier, *Statist.*, p. 69-70.
(2) Dufrénoy. *Ann. des Mines*, 3e série, t. XIV, p. 372.
(3) De Verneuil, 1844. *Bul. Soc. géol. Fr.*, 2e série, t. I, p. 143-144.

Enfin en 1850, ce même auteur précisa d'une façon plus exacte et plus nette la place que ces couches occupent dans la série paléozoïque.

« Le terrain anthracifère de la Sarthe (nos 14, 15 et 16 de « la coupe) appartient, dit-il, tout entier à la période carbo- « nifère ancienne..... c'est un terrain du même âge que « celui de Regny près de Roanne. Les anthracites du dépar- « tement de la Sarthe, au lieu d'être en partie carbonifères, « en partie dévoniennes, sont toutes carbonifères. Ces an- « thracites nous paraissent former deux étages, dont l'un « serait supérieur, l'autre inférieur au calcaire carbonifère ; « mais dans tous les cas, et c'est le point important, ils sont « supérieurs aux couches avec fossiles dévoniens et n'al- « ternent pas avec elles. Les anthracites supérieures aux « calcaires carbonifères, telles que celles de Poillé, La Ba- « zouge de Chemeré, etc., contiennent un assez grand « nombre de plantes qu'on ne trouve ni à Sablé, ni à Fercé, « dans les anthracites inférieures (1). »

Cette opinion, admise par tous les géologues, est celle qui a servi de base aux études publiées dans la suite sur cette question. En 1863, M. Dorlhac reproduisit la classification donnée par M. de Verneuil, sans y apporter de changement.

C'est dans le travail de M. Grand-Eury que nous trouvons de nouveaux renseignements sur ce sujet. Cet auteur donnant une acception plus restreinte au mot de Culm, considère cette subdivision comme étant supérieure au calcaire et adopte pour la partie inférieure du terrain carbonifère trois subdivisions :

Terrain carb. inf.	3 Grauwacke sup.
	2 Culm (2).
	1 Calc. carbonifère.

Au-dessus viennent les subdivisions adoptées pour la période houillère.

(1) De Verneuil. *Bul. Soc. géol. Fr.*, 2e série, t. VII. Réun. extraord. au Mans. P. 774-776.

(2) Cet auteur réserve le mot de *Culm* pour une partie des formations littorales, supérieures au Calc. carbonifère.

M. Grand-Eury place les anthracites de la Basse-Loire dans la grauwacke supérieure, et considère les couches de Sablé comme appartenant au même horizon. « De manière « que... il n'y a pas de doute que ces deux formations... « n'appartiennent ensemble au terrain carbonifère inférieur « en général, et même plutôt aux couches supérieures de ce « terrain à sa jonction avec le terrain houiller (1). »

Quant au bassin de Saint-Pierre-la-Cour, il le considère comme étant l'équivalent des couches moyennes de Saint-Étienne, c'est-à-dire, comme appartenant à l'horizon des filicacées (Ter. houil. sup. prop. dit. Grand-Eury).

Quelques années après la publication de cet ouvrage, M. Zeiller (2), ingénieur des mines, apporta de nouveaux matériaux pour l'étude des flores houillères de la France ; il adopta en partie la classification de M. Grand-Eury pour les deux divisions supérieures du terrain houiller (Houil. sup. et Houil. moy.), mais il réunit sous le nom de Houiller Inférieur les subdivisions désignées sous le nom de Jüngste grauwacke et de Culm ; aussi voyons-nous dans ce travail les plantes de Saint-Pierre-la-Cour indiquées dans le Houiller supérieur, tandis que celles de La Baconnière, de Sablé et de la Basse-Loire font partie du Houiller Inférieur.

Il nous reste à analyser un travail récent de M. Dorlhac, sur l'âge des combustibles de la Sarthe et de la Mayenne. Dans cette étude, l'auteur admet, suivant la classification de M. de Verneuil, deux niveaux distincts dans les dépôts d'anthracite de l'ouest : l'un, inférieur au calcaire de Sablé (Fercé, Maupertuis, Solesmes, Gomer), l'autre supérieur à ce même calcaire (Poillé, Epineux, Le Genest, La Bazouge et La Baconnière). Il fait seulement une exception pour le gisement de Montigné-L'Huisserie qu'il considère comme étant inférieur au grès à *Orthis Monnieri*, c'est-à-dire, comme occupant la base du terrain dévonien (3).

---

(1) Grand-Eury. *Flore carbonifère du dép. de la Loire*, Acad. des Sc. — *Mém. des Sav. étrangers*, t. XXIV, 2e série, p. 418.

(2) Zeiller. *Explicat. carte géol. Fr.*, t. IV, 2e partie. *Veg. fos. du ter. houiller*.

(3) Pour nous, ce dernier gisement rentre dans une des catégories précédentes et ne peut occuper la place qui lui est assignée par M. Dorlhac.

Quant aux dépôts supérieurs au calcaire de Sablé (Calc. carb. sup.), M. Dorlhac les rapporte au Culm, et adopte trois subdivisions, basées exclusivement sur les caractères minéralogiques; il prend comme terme de comparaison une classification *locale* donnée en 1865, par M. Wurtenberger pour le district de Kellerwal, situé dans la Hesse-Electorale (1).

Cet auteur y distingue vingt-cinq assises qu'il groupe en trois étages principaux :

Culm. { 3 Culm supérieur = Grauwacke du Culm.
2 Culm moyen = Grès du Culm.
1 Culm inférieur = Schistes du Culm.

Les deux divisions supérieures correspondraient, d'après M. Wurtenberger lui-même, aux couches de Westphalie et d'Angleterre, connues sous le nom de Millstone-Grit, et qui, par leur flore, doivent être réunies au terrain houiller (2).

S'appuyant sur la prédominance des schistes dans le gisement de La Baconnière, M. Dorlhac considère cette formation comme étant l'équivalent des schistes du Culm, ou Culm inférieur. — L'abondance des grès au milieu des couches de la Bazougé, lui fait au contraire placer cette formation dans le Culm moyen, tandis que, par suite de la présence de la grauwacke, il range dans le Culm supérieur ou grauwacke du Culm, les mines de la Basse-Loire, de Poillé, Asnières, Epineux, Le Genest et Ballée.

La classification de M. Wurtenberger étant locale et basée sur des caractères exclusivement minéralogiques, ne peut être appliquée à une région si éloignée de celle où ces caractères ont été constatés, et nous pensons que l'étude stratigraphique et la connaissance des flores amèneront à des résultats plus certains sur l'âge de ces dépôts. Il nous semble, du reste, prématuré d'indiquer actuellement des superpositions pour les gisements d'anthracite supérieurs au calcaire carbonifère.

---

(1) Wurtenberg. Der Culm oder die untere steinkohlenformation am Kellerwalde in Kurhessen. *Neues Jarhbuch f. minéralogie und géologie.* t. XXXIII, p. 530.

(2) Grand-Eury, *Loc. cit.*, p. 425.

Nous examinerons successivement, en prenant un ordre géographique, les renseignements géologiques que l'on possède sur les différents dépôts de combustibles de la Mayenne.

La Baconnière.

Au N.-O. de l'arrondissement de Laval, existe un bassin d'anthracite connu sous le nom de bassin de la Baconnière. Il fut découvert en 1830 et deux concessions furent accordées en 1834. Cette exploitation, qui n'a jamais donné de sérieux bénéfices, est abandonnée depuis 1869.

Ce bassin, dans lequel les couches de combustibles sont nombreuses, mais présentent peu d'épaisseur, est enclavé dans le terrain dévonien inférieur, au milieu duquel il forme un pli synclinal. Sa direction générale est O.-E., excepté vers l'ouest où il remonte brusquement vers le nord en se dirigeant du côté du village de la Templerie. Il est entouré de bancs de poudingue, de calcaire et de grès, qui se replient à l'Est de façon à l'enserrer complètement. C'est vers ce point que le calcaire présente le plus de développement.

Blavier a décrit d'une façon très exacte la disposition des couches d'anthracite de ce bassin. Une coupe allant de La Baconnière à Laval et traversant le bassin donne, en effet, la succession suivante : « A la Baconnière même, dit-il, on trouve le « quartz grenu (grès à *Orthis Monieri)*; viennent « ensuite des bancs de calcaire marbre, très fétide et très « chargé de térébratules et de spirifères (Calc. à *Athyris* « *undata*. Dév. Inf.), puis un banc de poudingue à gros galets « de quartz, et au sud de celui-ci commence immédiatement « le terrain carbonifère, c'est-à-dire, des couches de schistes « grisâtres, noirâtres ou jaunâtres, alternant avec de rares « bancs de grès à grains de quartz et de feldspath, et paillettés de mica, et avec des couches d'anthracite. Vers le « milieu du bassin, on remarque un banc formé d'une « brèche à pâte siliceuse et à fragments de quartz noir, « agatiforme, d'un assez bel effet. Après avoir traversé tout « le terrain carbonifère, on retrouve un banc de poudingue,

« ensuite du calcaire-marbre (1) », et, nous pouvons ajouter, du grès à *Orthis Monnieri.*

Quant à l'âge de ce gisement, Blavier le distingue des autres dépôts d'anthracite, par suite de la présence de végétaux nombreux qu'on ne retrouve pas dans les autres gisements d'anthracite du département, ainsi que par la nature du combustible, qui, par ses caractères extérieurs, se rapproche plus de la houille que de l'anthracite de la plupart des autres exploitations; aussi, le considère-t-il comme postérieur au terrain de transition moderne (Dev. et Carb.). Cependant, il le reconnaît comme différent du dépôt de Saint-Pierre-la-Cour par suite des caractères distincts fournis par la flore de ces deux localités, ainsi que par la situation des couches, qui sont verticales à la Baconnière, comme dans tout le terrain de transition, tandis qu'elles sont presque horizontales à Saint-Pierre-la-Cour.

En 1879, M. Zeiller dans l'explication de la Carte géologique de France (2), cite deux espèces provenant de la Baconnière et indique l'âge de ce dépôt qu'il considère comme appartenant au houiller inférieur. Sous cette désignation, M. Zeiller comprend les formations inférieures au houiller moyen de M. Grand-Eury, c'est-à-dire, la grauwacke supérieure et le culm de ce dernier auteur (3).

Dans sa classification des combustibles de la Mayenne, M. Dorlhac place l'anthracite de La Baconnière dans sa division du culm inférieur, par suite de la prédominance du schiste et de la présence du genre *Sphenopteris.*

Ainsi que nous l'avons dit, nous ne pensons pas que la nature minéralogique des couches puisse fournir des renseignements sur l'âge de ce gisement; quant au genre *Sphenopteris,* s'il se trouve dans le terrain anthraxifère, il est au moins aussi développé, sinon plus, dans le terrain houiller moyen.

MM. Renault et Zeiller qui ont bien voulu examiner les

(1) Blavier. *Statistique*, p. 76.
(2) Zeiller. Explic. Carte géol. Fr. T. IV, 2e partie. p. 18 et p. 44.
(3) Zeiller. *Loc. cit.*, p. 2 et p. 64.

échantillons que nous avons recueillis à la Baconnière, considèrent cette formation comme étant très analogue par sa flore, à celle du Culm d'Ostrau (Moravie) et de Waldenburg (Silésie), dont M. Stur a fait son Culm supérieur (1) et qu'il place immédiatement au-dessous du terrain houiller proprement dit.

Ainsi la Baconnière viendrait se ranger vers la partie supérieure du terrain houiller inférieur, près de sa jonction avec le terrain houiller moyen. Pour M. Grand'Eury c'est l'horizon de la grauwacke supérieure.

Les plantes reconnues jusqu'ici dans les couches de la Baconnière, d'après les déterminations de MM. Renault et Zeiller, sont les suivantes :

1. *Archæocalamites scrobiculatus* Schloth. sp.
2. *Sphenopteris elegans* Brong.
3. — *tridactylites* Brong.
4. *Calymnotheca Stangeri* Stur.
5. *Cardiopteris polymorpha* Gœp. sp.

Le Genest.

Ce gisement, situé à l'ouest du bourg du Genest, et actuellement exploité, ne nous est connu que par les notes de M. Dorlhac. Bien que les couches d'anthracite de ce dépôt aient été l'objet de travaux de la part de M. Triger, nous n'avons rien trouvé dans ses cartes qui pût nous donner quelques renseignements et nous permit de marquer la place et la direction des couches.

Dans la coupe de Paris à Brest, M. Triger a seulement indiqué l'existence de deux dépôts de charbon, entre les chemins de Painchaud et de la Tabonderie.

Des recherches ont été faites sur les deux rives du Vicoin, mais c'est principalement au nord de cette rivière, du côté du Haut bourg, qu'existent les principales exploitations.

---

(1) Stur. *Die Culm der Ostrauer und Waldenburg schichten*, p. 363.

« L'étude n'en est pas encore faite, dit M. Dorlhac (1), et « les limites y sont mal définies. On exploite deux couches « sujettes à des renflements assez puissants. »

« On trouve, ajoute-t-il, près de certaines parties de la « limite, un grès quartzeux, passant au quartzite, contenant « des lingules et des bilobites, qui pourraient le faire rap- « porter au dévonien inférieur. »

Nous hésitons à croire à l'existence de grès à lingules dans cette partie du département qui, du reste, si le fait est exact, appartiendrait sans doute à la base du silurien moyen et non au dévonien.

Les deux seules espèces trouvées par M. Saminn et déterminées par M. Zeiller, sont les suivantes :

Adiantides antiquus Stur.
Sphenopteris elegans Brong.

Ces deux formes indiqueraient l'horizon du culm, et peut-être, d'après M. Zeiller, du culm inférieur de M. Stur; mais il est évident qu'on ne peut, sur des données paléontologiques aussi incomplètes fonder une détermination précise.

L'Huisserie. — Montigné.

Au sud de Laval, nous retrouvons un nouveau gisement d'anthracite, situé sur la rive droite de la Mayenne, et qui a donné lieu à deux importantes exploitations.

Les premières traces de charbon furent trouvées en 1823, mais la demande de concession fut bientôt abandonnée par les demandeurs eux-mêmes, qui reconnurent qu'en ce point le gisement n'offrait pas les ressources espérées. En 1830, M. Triger découvrit près du village des Landes, commune de l'Huisserie, une couche exploitable et obtint la concession de ce gisement qui, dès cette époque, fut exploité avec succès. Plus tard, en 1852, d'autres recherches, résultant des découvertes de M. Triger, furent faites en dehors de la

(1) Dorlhac. *Age des combustibles*. Bul. Soc. ind. min., 2e série, t. X, p. 27.

concession, et, à la suite d'une polémique assez vive, une seconde concession fut accordée en 1857, à une nouvelle compagnie. Ces deux concessions, situées côte à côte, et qui donnent lieu à deux exploitations distinctes au point de vue des intérêts industriels, doivent naturellement être réunies dans cette description, puisqu'elles se trouvent établies sur le prolongement de la même couche.

Nous empruntons à M. Dorlhac qui dirige si habilement l'une de ces deux exploitations, les détails suivants sur ce gisement (1). L'anthracite forme une seule couche connue « sur quatre kilomètres de long environ; sur son parcours, « elle s'infléchit fréquemment et se contourne en zigzags « prononcés. » Cette couche se divise parfois en deux embranchements séparés par des noyaux schisteux dont l'épaisseur peut varier de 2 à 100 mètres; mais ces branches se réunissent de nouveau pour former une couche unique. De plus, « il se produit successivement et le plus souvent brus- « quement des renflements et des rétrécissements; c'est-à- « dire des bouillards et des crains, pour employer le langage « des mineurs du pays. Ces accidents se produisent non « seulement en direction, mais encore suivant l'incli- « naison (2). »

« La couche doit se prolonger de chaque côté, mais il se « pourrait aussi qu'elle s'atrophiât à ses deux extrémités. »

Un dernier travail de M. Dorlhac, nous fournit des renseignements sur la succession des couches du bassin de l'Huisserie-Montigné, et sur leurs rapports avec les roches voisines; mais les travaux souterrains faits par cet ingénieur l'ont amené à des conclusions dont nous croyons devoir nous écarter. En effet, d'après lui, la succession des couches (coupe du chemin des charbonniers) en allant de haut en bas, serait la suivante :

1. Schistes.
2. Grès à Orthis Monnieri, 110 à 140m.

(1) Dorlhac, 1862. *Méthode d'exploit.* Bul. Soc. ind. min., t. VII, p. 81-83.

(2) Dorlhac. *Déterm. de l'âge des combustibles.* Bul. Soc. ind. minérale, 2e série, t. X, p. 16-21.

3. Schistes fossilifères, 23^m.
4. Grès feldspathiques, 40 à 186^m.
5. Schistes noirs, 17^m.
6. Anthracite.
7. Schistes noirs, 25^m.
8. Grès feldspathiques, 35 à 40^m.
9. Poudingue.

Les couches paraissant régulièrement inclinées au sud, M. Dorlhac conclut : 1° que le grès à Orthis Monnieri (n° 2) occupe la partie la plus élevée de sa série ; 2° que par suite, les schistes fossilifères (n° 3) sont inférieurs au grès à *Orthis Monnieri ;* 3° que l'anthracite, inférieur à tout ce système, appartient à la base du dévonien ; 4° enfin que le Poudingue (n° 9), représente le Poudingue de Burnot.

Cet âge attribué à l'anthracite de l'Huisserie-Montigné a tout lieu d'étonner, car les combustibles sont toujours placés plus haut dans la série des terrains paléozoïques, et l'ouest de la France en particulier montre que tous les gisements connus appartiennent à la période carbonifère.

De plus, la coupe du chemin des charbonniers présente une contradiction avec les faits constatés jusqu'ici dans notre région. En effet, les grès à *Orthis Monnieri* occupent presque toujours immédiatement la base du terrain dévonien dans l'ouest, et, à part quelques couches schisteuses peu importantes, aucune formation dévonienne plus ancienne n'y a été signalée.

Les schistes fossilifères (n° 3), considérés par M. Dorlhac comme inférieurs au grès (n° 2), présentent une faune que M. de Tromelin a le premier étudiée, et que nous-même, nous avons pu examiner d'après un fragment de roche provenant du puits du Bois ; cette faune nous paraît identique à celle des schistes supérieurs au grès à *Orthis Monnieri,* ainsi qu'à celle du calcaire lorsque celui-ci existe. C'est également l'opinion de M. de Tromelin (1) qui compare ces schistes

(1) De Tromelin. *Bul. Soc. géol. Fr.*, t. IV, 3e série, p. 620.

à ceux de Liré (dev. inf.), près Ancenis (1). M. Dorlhac range ces couches dans l'étage eifelien E² de Dumont, c'est-à-dire en fait l'équivalent de la grauwacke de Hierges. Cette assimilation est inacceptable, vu la place relativement élevée qu'occupe l'étage eifelien E² dans la série dévonienne de l'Ardenne et de la Belgique.

L'interversion observée par M. Dorlhac dans l'ordre des faunes n'est sans doute qu'apparente et amène naturellement à croire à un renversement des couches, ce qui n'aurait rien d'étonnant dans un bassin aussi tourmenté que celui de l'Huisserie-Montigné. La présence des failles si nombreuses dans tous ces terrains peut aussi rendre compte de cette disposition.

La coupe donnée par M. Dorlhac, d'après les explications qui l'accompagnent, montre qu'au toit et au mur les couches sont semblables et qu'elles se répètent en sens inverse, car, en allant soit au sud, soit au nord, on rencontre, en quittant le dépôt de combustible, d'abord des schistes noirs, puis des grès feldspathiques : l'existence d'épais bancs de poudingue sur un seul des côtés de ce bassin n'a rien qui doive étonner, puisque des faits de ce genre existent dans maints bassins houillers ; enfin, au nord de ce poudingue, il existe dans le bois de l'Huisserie, des bancs de grès à *Orthis Monnieri*, de même qu'on en retrouve à la partie méridionale du bassin.

Il nous semble donc inadmissible de considérer comme complète et régulière la succession des assises représentées dans la coupe du chemin des Charbonniers et de regarder comme appartenant au terrain dévonien inférieur les couches d'anthracite de l'Huisserie-Montigné.

Quant au poudingue (n° 9), assimilé par M. Dorlhac au

(1) Aucun géologue, ainsi que semble le croire M. Dorlhac (*Loc. cit.*, p. 20), n'a regardé le calcaire de Liré (Loire-Inférieure), comme étant du même âge que celui de Chalonnes (Maine-et-Loire). Le calcaire de Liré, intercalé au milieu des schistes du dévonien inférieur, appartient à cet étage, tandis que le calcaire de Chalonnes, sur l'âge duquel nous avons publié deux notes, est très différent comme aspect et appartient d'après nous à un niveau supérieur (dévonien moyen).

poudingue de Burnot, il nous paraît imprudent de comparer à une aussi grande distance deux formations de ce genre. Les poudingues sont des dépôts très locaux, et celui de Burnot, en particulier, présente ce caractère : « Le pou-« dingue, au point de vue stratigraphique, est une roche « très variable, épaisse de plusieurs mètres en ce point, elle « disparaît souvent tout à fait quelques pas plus loin. (1) »

Du reste, en admettant que le poudingue de Montigné fût l'équivalent du poudingue de Burnot, il n'occuperait pas la place que lui assigne M. Dorlhac, à la base du dévonien inférieur. Dans le nord de la France, il est intercalé au milieu des schistes rouges de Vireux et de Burnot, c'est-à-dire qu'il forme avec le grauwacke de Hierges, la partie supérieur du Coblentzien. Il est donc supérieur et non inférieur au grès à *Orthis Monnieri* (= équivalent du grès d'Anor) et à la grauwacke du Faou (= grauwacke de Montigny).

L'anthracite de l'Huisserie-Montigné nous paraît devoir être rapportée au terrain carbonifère, mais actuellement, par suite de l'insuffisance des renseignements stratigraphiques, et de l'absence de documents fournis par la flore de ce dépôt, il est encore prématuré de préciser son âge.

C'est à l'est du département de la Mayenne, que se trouvent les autres gisements d'anthracite, où ils forment, soit des bandes isolées, ayant la direction générale des terrains paléozoïques de cette région, soit des bassins qui s'avancent plus ou moins loin dans le département de la Sarthe.

Ces dépôts peuvent se subdiviser en cinq masses principales : 1° La bande de Viré ; 2° une couche située au nord d'Épineux-le-Séguin et passant au nord de Poillé dans la Sarthe; 3° les bandes qui existent entre Épineux et Ballée et qui se prolongent depuis Saulges et Bazougers jusqu'à Poillé et Asnières (Sarthe), où elles disparaissent avec les terrains paléozoïques sous les dépôts du lias ; 4° le bassin elliptique de Saint-Loup, Boissay, qui s'étend jusqu'à Sablé et Juigné dans la Sarthe ; 5° enfin le petit bassin de Saint-

(1) J. Gosselet. *Le poudingue de Burnot.* Annales des Sciences géologiques, t. IV, p. 5.

Brice dont la majeure partie èst comprise dans le département de la Mayenne.

Viré.

Les couches d'anthracite de cette localité ont donné lieu à une concession accordée en 1835 et s'étendant sur les communes de Cossé-en-Champagne (Mayenne), de Viré et de Brûlon (Sarthe). L'exploitation qui en est résultée a été de peu de durée et les renseignements que l'on possède sur ce gisement sont peu nombreux.

Pesche cite l'ouverture d'un puits entre le bourg et le château de Viré et signale dans cette localité des grès anthraxifères (1).

Sur la feuille de Loué, M. Triger considère cette couche comme étant unique et comprise au milieu d'une bande de schistes dévoniens. Elle s'étend à l'est, et se retrouve, après avoir disparu sous les dépôts d'alluvions, au nord et au nord-est de Brûlon. M. Guillier (2) l'indique comme enclavée dans le calcaire dévonien, entre Brûlon et la Lune de Joué.

L'âge exact de ce dépôt carbonifère est inconnu.

Varennes et le Domaine

(commune d'Épineux-le-Séguin).

Au nord d'Épineux-le-Séguin, on découvrit, dès 1817 (3), aux environs du château de Varennes, un gisement de charbon pour lequel une concession fut accordée en 1822 (4). Ce

(1) Pesche. *Dict.-Statist. de la Sarthe*, 1842, t. 6, p. 561-562.

(2) Guillier, 1867. *Profils géologiques des routes départementales de la Sarthe*, route départ, n° 5.

(3) D'après Pesche (*loc. cit.*, t. IV, p. 465-466), « c'est dans la partie « N.-O. de la commune de Poillé, près du hameau de la Dorbellière, que « fut découverte, en 1815, presque à l'effleurement du sol, l'anthracite, « déjà observée dix ans auparavant à Auvers-le-Hamon ».

(4) Les travaux entrepris à la Perdrière, de 1822 à 1823, donnèrent des résultats peu satisfaisants et durent être abandonnés. (Blav. *Statist.*, p. 122). En 1832, d'autres recherches furent faites près de la ferme du Domaine, sur le prolongement Est de la couche de Varennes.

dépôt est peu régulier, mais en général assez puissant ; son épaisseur varie de 2 à 12 mètres et plus (1).

Les exploitations entreprises sont abandonnées depuis longtemps. Tandis qu'à l'ouest, vers Saulges, l'anthracite disparaît et est remplacé par du calcaire carbonifère, vers l'est au contraire, on retrouve dans la Sarthe cette même couche se prolongeant vers la Dorbellière et au nord de la Boujetière sur la route de Poillé à Brûlon.

Dans la coupe donnée par M. Guillier, ce dépôt forme sous les couches du lias un pli synclinal au milieu du calcaire carbonifère auquel il est superposé (2).

Les rapports stratigraphiques de cette formation permettent de la rattacher aux anthracites supérieurs au calcaire carbonifère.

Saulgé, Bazougers, la Bazouge, Ballée, Monfrou, Poillé, Asnières.

Nous réunissons dans un même paragraphe tous ces gisements qui constituent une bande côtoyant au sud le calcaire carbonifère de Saulges, Saint-Georges-le-Fléchard, La Bazouge, Chemeré, Épineux-le-Séguin. Cette bande est composée de plusieurs couches qui pourront peut-être, plus tard, être réparties entre divers horizons, mais actuellement par suite de l'absence de documents paléontologiques pouvant apporter quelques lumières sur cette question, il nous semble hasardeux de rapporter ces différents dépôts à plusieurs étages.

De nombreuses exploitations, pour la plupart abandonnées, ont existé le long de cette bande. Entre Saulges et Bazougers, ainsi qu'au sud de Saint-Georges-le-Fléchard, on a reconnu l'existence de couches d'anthracite.

Les mines de La Bazouge situées au nord du bourg datent de 1821, époque des premiers travaux ; mais ce n'est qu'à

(1) Blavier, *Statistique*, p. 134.
(2) Guillier. *loc. cit.*, route n° 5.

partir de 1825 que des recherches sérieuses furent entreprises. Depuis cette époque, cette mine a justifié l'opinion émise par Blavier en 1837, elle est restée une des plus importantes et des dernières exploitations en activité dans le département de la Mayenne. A l'est, en suivant cette même bande, nous trouvons une série de recherches faites il y a près d'un demi-siècle entre Chemeré et La Cropte; puis viennent les exploitations de Lignières, celles de Monfrou dans la Sarthe, enfin celles de Poillé encore en activité et celles d'Asnières, abandonnées.

L'allure générale de cette bande est N.-O. S.-E., excepté au nord de La Bazouge, entre ce bourg et celui de Saint-Georges-le-Fléchard, où les bancs forment un certain nombre de plis horizontaux très accusés, au milieu desquels les couches de charbon présentent des renflements et des rétrécissements très considérables. Deux couches sont principalement exploitées. La situation topographique de cette bande, ainsi que sa direction générale, donne tout lieu de supposer que c'est au sud du calcaire d'Argentré, de Louverné, etc., que peuvent se retrouver d'autres couches de charbon.

C'est sans doute à la même formation qu'il faut rapporter les gisements signalés autrefois entre Louvigné et Argentré, ainsi que dans la commune de Bonchamp.

M. Triger reconnut le premier que les couches de La Bazouge et de Poillé sont supérieures au calcaire carbonifère (1). Depuis, cette opinion a été admise par tous les géologues.

M. Grand'Eury considère Poillé comme appartenant à la grauwacke supérieure. D'après la prédominance de la grauwacke dans les gisements exploités à l'est de cette bande, M. Dorlhac place les dépôts situés entre Poillé et Ballée, dans le culm supérieur, tandis qu'il considère les gisements de La Bazouge et de Bazougers comme étant du culm moyen, par suite de l'existence de bancs de grès très nombreux qui accompagnent les dépôts de charbon dans ces deux

(1) Burat. *Géol. de la Fr.*, p. 325. — Burat, p. 190. — Réunion du Mans, p. 23 et 32. — Grand-Eury, p. 49, 25 et 26.

dernières localités. Cette superposition ne nous semble pas suffisamment prouvée, et nous attendons des motifs plus valables pour regarder cette hypothèse comme démontrée.

Tout récemment M. de Lapparent a séparé les anthracites de Ballée, Épineux, Monfrou, Poillé, de celles de La Bazouge : « leur flore, dit-il, composée de *Calamites dubius, Sphæ-* « *nopteris Hœninghausi,* avec trois espèces de *Lepidoden-* « *dron* et trois de *Sigillaria* paraît les rattacher à la base de « l'étage houiller (1). » En effet, une liste de plantes trouvées au puits de la Promenade, près Poillé, fut donnée en 1850 par Brongniart, mais cette liste demanderait à être vérifiée, car, sur neuf espèces citées, six déterminations sont douteuses, d'après l'auteur lui-même, et trois espèces sont nouvelles (2).

Saint-Loup, Fercé, Maupertuis, Solesmes.

La disposition des couches de ce gisement constitue un bassin elliptique dont les 2/3 environ appartiennent au département de la Sarthe. « Le terrain carbonifère forme, à « Sablé, l'extrémité d'une cuvette bien marquée ; au sud, les « couches dirigées de 10, 20 à 30° N., comme l'ensemble des « couches de transition, plongent au nord vers Sablé ; elles « se contournent vers le nord et reviennent prendre à So- « lesmes et à Juigné leur direction primitive en pendant au « sud. L'existence d'un bassin est là parfaitement caracté- « risée. Les mêmes couches se reproduisent inversement « disposées et plongeant en sens contraire ; au milieu du « bassin, dans l'endroit où le pli s'est fait, elles sont vio- « lemment contournées et repliées sur elles-mêmes (3). »

Les couches de combustibles exploitées dans ce bassin sont inférieures au calcaire carbonifère. A Fercé et à Maupertuis, d'après la carte manuscrite de Sablé par M. Triger, elles sont comprises entre ce calcaire et le calcaire dévo-

(1) De Lapparent, 1882. *Traité de Géologie*, p. 764.
(2) *Bul. Soc. géol. Fr.*, 2e série, t. VII, p. 765.
(3) *Bul. Soc. géol. Fr.*, réunion d'Angers, 1841, t. XII.

nien ; cette dernière assise manque à l'est et au nord du bassin, et l'anthracite repose alors sur des schistes dévoniens.

La couche qui passe à Maupertuis et à Fercé dans la Sarthe, s'étend dans la Mayenne, où elle a été reconnue au sud de Boissay, et plus à l'ouest sous les dépôts de sable, à Curéci, et au sud de la Motte-Alain.

D'après Pesche (1) l'anthracite est compris entre des assises de grès au mur, et des bancs de schistes au toit (2).

Les couches sont accompagnées du côté de Sablé et près de Beaumont (Mayenne), par une masse amphibolique sur laquelle reposent les deux versants de ce bassin (3). Cette roche amphibolique et feldspathique a, d'après Blavier, pénétré au milieu des couches en suivant la stratification (4). En 1850, il fut reconnu que les couches d'anthracite de Fercé Solesmes, etc., étaient inférieures au calcaire carbonifère. Cette opinion fut admise par tous les géologues, mais depuis cette époque aucun rapprochement n'a été fait entre ce dépôt et les étages anthraxifères connus dans d'autres régions (5).

Gomer (commune de Saint-Brice).

Ce petit bassin distinct du précédent est situé pour sa plus grande partie dans le département de la Mayenne ; il a donné lieu à une exploitation datant de 1825, et n'ayant eu qu'une courte durée.

La couche qui présente généralement peu d'épaisseur, est enclavée au milieu de bancs de grès et s'appuie d'après M. Blavier, « sur une masse amphibolique, stratiforme, « presque conique (6). » Cet auteur a donné deux coupes

(1) Pesche. *loc. cit.*, t. II, p. 502.

(2) *Bul. Soc. géol. de France*, 1850, 2e série, t. VII. Réunion du Mans.

(3) Triger. *Profil en long du chemin de fer du Mans à Angers*, (entre Juigné et Sablé).

(4) Blavier. *Statistique*, p. 67.

(5) M. de Tromelin a assimilé à tort les anthracites de la Basse-Loire à celles de Fercé ; quant à ces dernières, il n'a fait que répéter le fait démontré par M. de Verneuil, à savoir leur place à la base du calcaire carbonifère de Sablé.

(6) Blavier. *Statistique*, p. 67, fig. 5 et 6.

de ce bassin ; elles ont été reproduites par M. Dorlhac qui indique comme grès feldspathique, ce que Blavier considérait comme une roche ignée. D'après les coupes de Blavier, l'anthracite est inférieur au calcaire carbonifère de Bouère.

TERRAIN HOUILLER.

Saint-Pierre-la-Cour.

Les gisements d'anthracite que nous venons de signaler, ainsi que les formations marines carbonifères que nous avons décrites précédemment, appartiennent à la division inférieure du terrain carbonifère. Après la formation de ces divers dépôts, les roches sédimentaires qui constituent l'ensemble des terrains paléozoïques, et qui avaient déjà subi des dislocations nombreuses, furent de nouveau soumises à des pressions latérales N.-S. qui amenèrent des plissements suivant une direction générale O.-E. Les couches ainsi redressées, et formant des plis plusieurs fois répétés, ont donné un caractère très accusé à la topographie de la plus grande partie du département. La perturbation géologique à laquelle nous faisons allusion dut avoir lieu, soit à l'époque du houiller moyen, soit à celle qui correspond aux dépôts inférieurs du houiller supérieur ; car, lors de la formation du gisement de houille de Saint-Pierre-la-Cour, qui appartient presque au sommet du houiller supérieur, ce fut sur la crête des bancs redressés du terrain carbonifère inférieur, que se déposèrent horizontalement les couches qui constituent ce bassin.

Ce fait et les conséquences qui en résultent, c'est-à-dire la différence d'âge qui existe entre les formations anthraciteuses et ce dépôt de houille, fut reconnu par M. Triger, lorsqu'en 1828 il découvrit ce gisement. En effet, tandis qu'il exploitait les couches de houille faiblement inclinées et formant le bassin de Lembuche et des Germandières, il rencontrait au sud, à une faible distance (moins de 1 kil.), au lieu dit la Mare-aux-Loups, une petite couche d'anthracite

« non susceptible d'exploitation, dans la partie où elle a été « étudiée, mais bien évidemment reconnue (1). »

Une concession avait été accordée en 1830, M. Triger dirigea, au début, l'exploitation de cette mine, qui a été abandonnée en 1880. Les recherches et les travaux entrepris permirent tout d'abord à Blavier et plus tard à Dufrénoy de donner quelques détails sur ce bassin (2).

« Le fond ou la base du dépôt est formé par une couche « de poudingue dont les fragments, en schistes argileux, « trouvent leur analogue dans les roches schisteuses du pays. « Une couche de grès à grains fins, dans laquelle le quartz « et le mica dominent et particulièrement le premier, des « argiles schisteuses plus ou moins dures, renferment une « multitude d'empreintes de végétaux fossiles parfaitement « conservés, et notamment les plus belles fougères, enfin, « des bancs d'une houille bitumineuse, alternant avec régu- « larité sous un angle qui dépasse rarement 30 degrés avec « l'horizontale, et qui est communément bien moindre (3). »

La crête des bancs qui supportent le bassin de Saint-Pierre-la-Cour présente des surfaces arrondies, indiquant qu'ils ont été fortement érodés, fait que viennent confirmer les dépôts de poudingues, résultat de courants violents. Ces poudingues ont été eux-mêmes ravinés, et c'est dans leurs excavations que se sont déposées les couches de Lembuche et des Germandières.

L'existence d'un prolongement de ce bassin houiller au nord de Saint-Pierre-la-Cour, du côté de Balazai, fut aussi indiquée par Blavier.

Des fossiles provenant de ce bassin furent communiqués à Brongniart qui y signala :

Odontopteris minor Brong.
Pecopteris Cyathea Schlot sp. (5).

(1) Blavier. *An. Mines,* 3e série, t. VI, p. 65.

(2) Blavier. *Stat.*, pp. 46, 82, 135. — Dufrénoy et Elie de Beaumont. *Explicat. carte géol. Fr.*, t. I, p. 714.

(3) Blavier. *Stat.*, p. 82, pl. 2, fig. 7 et 8.

(4) A. Brongniart. *Hist des végétaux fossiles*, 4°, 1828-1844.

Le gisement de Saint-Pierre-la-Cour, d'après les indications que nous trouvons éparses dans les différents auteurs (1) qui en ont parlé, est composé de deux bassins distincts, séparés par 1500 mètres environ (2).

Le bassin sud, le plus petit (230 hectares), a une épaisseur totale de 250 mètres au maximum. M. Saminn, directeur de l'exploitation, y a reconnu 17 couches de charbon, alternant avec des schistes, des grès et des poudingues. Les schistes et parfois les grès, renferment de nombreuses empreintes végétales. Les couches de houille dont les épaisseurs varient de 15 cent. à 70 cent., sont généralement régulières; toutes ne sont pas exploitables.

Le second bassin situé au nord de la ligne de Paris à Brest est beaucoup plus étendu que le premier (il a une superficie de 10 kilom. environ), mais les recherches entreprises n'ont pas donné lieu, comme dans celui du sud, à une exploitation importante.

Les travaux, ainsi que nous l'avons dit, sont abandonnés depuis 1880.

L'âge de ce dépôt, placé tout d'abord dans le terrain houiller sans indication de la position qu'il y occupait, a été déterminé d'une façon précise par M. Grand'Eury, en 1877.

Cet auteur, par l'étude attentive qu'il a faite des flores spéciales caractérisant chaque étage du terrain houiller de

---

(1) Dorlhac. *Méthode d'exploit. Mines.* Bul. Ind. Min., t. VII (1866), p. 39.
Burat. *Houillières de la France en 1866*, p. 200.
Burat. *Géologie de la France.*
Caillaux. *Tableau gén. et descript. Mines Métall. et des combust. minéraux de la France*, p. 569.
Delage. *Étude sur Ter. Dév. et Sil. Ille-et-Vilaine*, Bul. soc. Géol. Fr., 3e sér., t. III, p. 368.
Delage. *Strat. Ter. Prim. Ille-et-Vilaine*, p. 114-115.
Julien. Exposition univ. 1878. *Notices relatives à la Carte Géologique*, pp. 110-112.
Dorlhac. *Détern. âge Combust.*, Bul. Soc. Ind. Min., 2e sér., t. X.

(2) Afin d'agir avec une scrupuleuse exactitude et dans la crainte de dénaturer la pensée de l'auteur, nous avons dû, en reproduisant la carte manuscrite de Saint-Pierre-la-Cour par M. Triger, réunir les deux bassins, ainsi qu'il l'avait fait.

Saint-Étienne, est arrivé à séparer le terrain houiller supérieur en six subdivisions bien distinctes ; ce sont :

Terrain houiller supérieur :

6. Permo carbonifère = Faune de passage au terrain Permien, proprement dit.
5. Saint-Étienne supérieur = Calamodendrées
4. Saint-Étienne moyen = Filicacées.
3. Saint-Étienne inférieur = Cordaïtes.
2. Étage des Cévennes =
1. Étage de Rive de Gier = Sigillaires à côtes, Lepidodendron.

L'examen que M. Grand'Eury put faire des espèces de Saint-Pierre-la-Cour lui fit admettre que ce dépôt « est au « moins aussi récent que les couches moyennes de Saint-« Étienne (1); » c'est-à-dire occupe la partie supérieure de l'étage des Filicacées (n° 4). En effet, les Cordaïtes y sont peu abondantes et la prédominance des Fougères est caractéristique.

Depuis cette époque, M. Zeiller qui a décrit et figuré un certain nombre d'espèces de Saint-Pierre-la-Cour (2), et qui a pu étudier une plus grande quantité d'échantillons, est arrivé aux mêmes résultats, et considère la faune de Saint-Pierre-la-Cour comme représentant à la fois le sommet de l'étage des Filicacées et la base de celui de Calamodendrées, ces deux étages, à Saint-Étienne, passent du reste graduellement de l'un à l'autre (3).

(1) Grand'Eury. *Flore carbonif. de la Loire*, p. 554. — Grüner. *Analyse de l'ouvrage de M. Grand'Eury*.. Bul. Soc. géol. Fr., 3e série, t. V, p. 219.

(2) Dans l'explication de la carte géologique de France, texte, t. IV, 2e partie, et dans l'Atlas, pl. CLVIII et CLXVI. M. Zeiller cite 15 espèces de Saint-Pierre-la-Cour, parmi lesquelles quatre sont figurées d'après des échantillons provenant de cette localité.

(3) Dans sa note *Sur l'âge des combustibles de l'Ouest*, M. Dorlhac, (Dorlhac, *Loc. cit.*, p. 9 et 11), rapporte le bassin houiller de Saint-Pierre-la-Cour à l'étage des Cordaïtes et en fait l'équivalent des couches de Brassac. Cet assimilation, qui est en contradiction avec la classification de MM. Grand'Eury et Zeiller, ne peut être admise, car le bassin de Brassac appartient à l'étage inférieur des couches de Saint-Etienne, qui est celui des Cordaïtes, tandis que celui de Saint-Pierre-la-Cour est supérieur, puisqu'il représente l'étage des Filicacées et qu'il occupe même la partie la plus élevée de cet horizon.

Cet auteur a eu l'extrême obligeance de nous donner une liste révisée des espèces signalées jusqu'à présent dans ce riche gisement et qui, pour la plupart, sont dues aux découvertes de M. Saminn, qui a dirigé pendant si longtemps cette exploitation :

1. *Calamites Suckowi* Brong.
2. *Asterophyllites equisetiformis* Schlot. sp.
3. *Annularia sphenophylloïdes* Zenker sp.
4. — *longifolia* Brong.
5. *Sphenophyllum angustifolium* Germar.
6. — *oblongifolium* Germar et Kaulfuss sp.
7. — *Thonii* Mahr.
8. *Dictyopteris Schutzei* Romer.
9. *Odontopteris Reichiana* Gutbier.
10. — *minor* Brong.
11. *Callipteridium ovatum* Brong. sp.
12. *Pecopteris arborescens* Schloth. sp.
13. — *cyathea* Schloth. sp.
14. — *hemitelioïdes* Brong.
15. — *Candolleana* Brong.
16. — *arguta* Sternb.
17. — *dentata* Brong.
18. — *polymorpha* Brong.
19. — *Pluckeneti* Schlot. sp.
20. *Aphlebia crispa* Gutbier sp.
21. *Caulopteris peltigera* Brong. sp.
22. — *patria* (1) Grand'Eury.
23. — *Baylei* Zeiller.
24. *Ptychopteris macrodiscus* Brong. sp.
25. *Megaphyton Mac-Layi* Lesq.
26. *Doleropteris*.

(1) En 1875, M. Zeiller, (*Bul. Soc. géol. Fr.*, 3e série, t. III, p. 574-579), après avoir cité *Caulopteris peltigera* Brong. de Saint-Pierre-la-Cour a signalé (p. 575 et 576) et figuré (pl. XVII, fig. 4.) un tronc de fougère de grandes dimensions qu'il n'a rattaché qu'avec doute à cette espèce, et qu'il a reconnu depuis lors, appartenir au *Caulopteris patria*, Grand'Eury, 1877, (*Explicat. carte géol. Fr.*, t. IV, 2e partie, p. 100-101).

27. *Sigillaria Brardi* Brong.
28. — *spinulosa* Rost. sp.
29. *Cordaïtes.*
30. *Dory-Cordaïtes.*
31. *Calamodendron cruciatum.*
32. *Cardiocarpus punctatus* Gœpp.
33. — *reniformis* Geinitz.
34. *Rhabdocarpus.*
35. *Trigonocarpus.*
36. *Polypterocarpus.*

TERRAINS TERTIAIRES

Les dépôts tertiaires de la presqu'île bretonne se réduisent à quelques lambeaux isolés, confinés dans la partie orientale.

Ces gisements, peu étudiés jusqu'alors, viennent d'être l'objet, de la part de M. G. Vasseur d'un très intéressant travail qui malheureusement ne comprend ni le Maine ni l'Anjou ; plus tard ce géologue étendant ses recherches à ces deux provinces viendra contribuer à préciser l'âge des dépôts récents de nos régions, qui n'a pas toujours pu être déterminé d'une manière rigoureuse (1).

Nous ne saurions mieux faire que de résumer les conclusions générales auxquelles est arrivé l'auteur, dans son étude sur les terrains tertiaires de la France occidentale.

La Bretagne, à l'époque de l'éocène moyen, était déjà séparée de l'Angleterre par le canal de la Manche. Cette province a été partiellement submergée à trois reprises différentes, pendant la durée des temps tertiaires : tandis que la partie occidentale, en raison de son altitude élevée, est restée émergée constamment pendant cette période, la partie orientale, au contraire, étant beaucoup plus basse, a été plus ou moins envahie par la mer lors de ces affaissements. Il suffirait du reste, actuellement, d'un abaissement de cent mètres, pour que cette dernière région fût de nouveau recouverte par les eaux de la Manche et de l'Océan qui se réuniraient dans les dépressions de la Rance et de la Vilaine.

Le premier envahissement de la mer qui ne paraît pas s'être produit avant la formation du calcaire grossier a donné lieu, dans le département de la Loire-Inférieure et dans le

(1) Vasseur. *Recherches géol. sur les ter. tert. de la France occidentale.* An. Sc. géol., 1881, t. XIII.

nord de la Vendée, à des dépôts occupant un faible espace et qui s'observent seulement dans des dépressions profondes, voisines de la côte actuelle.

Émergée pendant la fin de l'époque éocène, la Bretagne fut de nouveau envahie par la mer tongrienne qui, remontant par la vallée de la Vilaine arriva jusqu'à la ville de Rennes. Les dépôts de cette époque sont plus répandus dans l'intérieur des terres que les précédents, et occupent aussi une altitude plus élevée.

Enfin après un soulèvement qui eut lieu à la fin du miocène inférieur, la Bretagne fut de nouveau submergée pendant l'époque falunienne.

« Ces trois mers (1) avaient une distribution très différente.
« La situation et l'altitude des terrains qu'elles ont formés,
« montrent que l'amplitude des oscillations du sol a été en
« augmentant. »

Ces mouvements, ajoute l'auteur, ont si peu modifié les reliefs de la contrée, que sur une carte topographique de la région, on peut retrouver approximativement les contours de ces mers en suivant les courbes de niveau, aux différentes altitudes où les terrains se sont déposés.

Nous devons ajouter, toutefois, que ce fait n'est vrai que d'une façon très générale, et que sur un grand nombre de points, il s'est produit des ruptures qui ont amené un déplacement des niveaux.

EOCÈNE MOYEN.

Cet étage, dont les différentes zones fossilifères ont été signalées dans la France occidentale, n'est représenté dans le département de la Mayenne que par des couches de sable et d'argile qui ne contiennent, d'après nos connaissances actuelles, aucun débris de fossiles.

Cette formation, que nous placerons à la partie supérieure de l'éocène moyen, est peut-être un équivalent des sables et

---

(1) Vasseur, *Loc. cit.*, p. 3.

grès à *Sabalites andegavensis* de la Sarthe et de l'Anjou. M. L. Crié, qui a étudié la flore de ces dépôts, les définit de la manière suivante : « Immédiatement au-dessous de l'ar-« gile à silex, existent des sables quartzeux, blanchâtres ou « d'un blanc jaunâtre, désignés dans le pays sous le nom de « sablons. Ils ne renferment aucun fossile, mais leur partie « supérieure convertie postérieurement en grès par des « infiltrations siliceuses, présente un grand nombre d'em-« preintes végétales (1). » Ce facies supérieur n'est pas actuellement constaté dans notre département, nous n'en aurions que la partie inférieure qui serait représentée dans la Mayenne par des dépôts où le sable alterne avec des lits plus ou moins épais d'argile et qui s'observent sur un grand nombre de plateaux ; ils occupent sur toutes les hauteurs un niveau qui est sensiblement le même et n'existent pas dans les vallées où ils ont disparu.

Parfois les grains de sable superposés à un lit d'argile imperméable, ont été agglutinés par un ciment ferrugineux et forment alors un grès assez résistant, que l'on peut employer pour la construction et auquel on donne le nom de *roussard*. Toutefois ce facies complètement local et accidentel, ne saurait fournir aucun renseignement au point de vue de la superposition des bancs ; il est particulièrement développé au sud de Laval, aux environs de Thévalles.

Les dépôts de cet âge présentent une épaisseur très variable. Quelquefois, cette dernière ne dépasse pas 50 à 80 centimètres, tandis que sur d'autres points il s'est formé d'énormes poches qui se terminent parfois brusquement sur l'un de leurs côtés, et qui donnent lieu à des exploitations de sable très productives.

Ces dépôts reposent directement sur les couches redressées des terrains anciens ou sur les roches ignées.

Ainsi que nous l'avons dit, les terrains récents ont été représentés sous une même teinte (jaune) dans la carte Triger ; nous nous bornerons à signaler quelques-uns de ces gisements parmi ceux que nous avons nous-mêmes reconnus.

---

(1) L. Crié. *Végétat. de l'ouest de la France à l'époque tertiaire*, p. 8.

Nous indiquerons d'abord, à l'est de Changé, un dépôt de cette époque, visible particulièrement dans la partie méridionale de la carrière de la Biochère exploitée par M. Drouillot; ce dépôt constitué par des sables très argileux, avec nombreux rognons de fer hydroxidé, forme des poches dans le grès dévonien et dans la blaviérite, et paraît se rattacher à la base des dépôts dont nous venons de parler, en même temps qu'aux dépôts sidérolitiques.

Dans la ville même de Laval, sur la rive gauche de la Mayenne, le flanc du coteau sur lequel est bâtie l'ancienne ville est recouvert d'un dépôt blanchâtre qui s'élève jusqu'au sommet de la hauteur occupée par la cathédrale. Ce dépôt a disparu dans le fond de la vallée de la Mayenne.

Sur l'autre rive, à peu près à la même altitude, existe un dépôt de sable ayant donné lieu à plusieurs exploitations au village des Senelles. La carrière actuellement ouverte, atteint 17 mètres environ de profondeur, elle est formée de bancs de sables généralement rouges et plus ou moins fins, qui alternent avec de petites couches d'argile. Ces dépôts se terminent brusquement au nord et à l'est, venant butter contre une falaise de schistes carbonifères. Ils se continuent un peu vers l'ouest, puis disparaissent bientôt, ayant été enlevés par les érosions de la Mayenne. Au sud, ils s'étendent dans tout l'espace occupé par le village de la Coconnière, manquent dans la vallée de la rivière de Saint-Nicolas, puis se retrouvent un peu plus loin sur la rive gauche de cette rivière.

Ces dépôts sont très développés aux environs de Thévalles, où on les voit, dans le bourg même, supporter un lambeau de calcaire lacustre.

Nous citerons spécialement, au sud de Thévalles, une carrière située vis-à-vis les landes de la Croix-Bataille, dont les différents bancs, nettement stratifiés, présentent l'ordre de succession suivant :

Diluvium .... 2^m50

5. Petite couche d'argile rouge en plaquettes, très ferrugineuse, ravinée par le diluvium......... 0^m70

4. Sable rouge jaunâtre, rubéfié, avec quelques traces de stratification 1m
3. Sable rouge argileux, rubéfié 1m70
2. Sable grossier avec petits bancs de sable fin 1m80
1. Sable blanc, micacé, formant le fond de la partie exploitée.

C'est au même horizon qu'il faut rapporter les sables de la Mercerie et ceux de la Noë-Brûlée qui s'élèvent à une altitude de 100 mètres et présentent une épaisseur de 25 mètres.

D'autres carrières semblables ont été ouvertes derrière les Gaudinières et sur la rive gauche de la Jouanne, entre Entrammes et la Mazure.

Le fond de ces exploitations est généralement constitué par une argile grisâtre qui provient de la décomposition, sur place, des schistes sur lesquels reposent ces dépôts. — Dans la carrière de la Louisière, appartenant à M. Blanc, où cette argile est exploitée pour la fabrication de briques, ainsi que dans une petite carrière qui se trouve près de Belle-Plante ; on voit tous les passages entre le schiste dur feuilleté et l'argile grise dans laquelle toute trace de schistosité a disparu. Cette argile, provenant de la décomposition des schistes anciens, a été fréquemment remaniée et entraînée par les eaux, de sorte qu'on en retrouve souvent des traces dans les bancs de sable rouge que nous avons décrits plus haut.

L'argile qui est extraite près de Thévalles pour fabriquer des poteries, appartient également, ainsi que l'a dit Blavier, à la même « formation géognostique » que les sables rouges. — Le même auteur ajoute : « Constamment avons-nous « remarqué, lorsque l'argile et les sables ou grès se ren- « contrent simultanément, l'argile occupe la partie infé- « rieure ; mais souvent la couche sableuse manque ou est « d'une faible épaisseur. Aussi, sur les points où a lieu « l'extraction de l'argile pour les besoins de l'industrie, elle « se fait dans des fosses presqu'à fleur de terre (1). »

(1) Blavier. *Statist*, p. 115.

C'est sans doute à la même époque que doivent être rapportés les sables rouges non fossilifères de Beaulieu (S. O. de Laval), qui s'observent dans le voisinage d'un petit lambeau falunien que nous décrivons un peu plus loin.

Nous rapportons provisoirement à la même formation, un grès qui occupe une vaste dépression dans le nord du département et qui nous semble en rapport avec le bassin lacustre de Marcillé. Près de Sainte-Gemmes-le-Robert, ce grès est constitué par de gros galets de quartz reliés par un ciment siliceux ; on le voit, en s'avançant vers le centre de la dépression, passer peu à peu à un grès fin et lustré, très résistant (1). Nous émettons cette opinion sous toute réserve, n'ayant examiné que très rapidement cette formation qui nécessite de nouvelles recherches avant de pouvoir être exactement classée.

EOCÈNE SUPÉRIEUR

On connaît actuellement, dans le département de la Mayenne, deux lambeaux de terrain tertiaire qui peuvent être considérés comme les représentants dans notre région de la zone à *Limnea strigosa* du bassin de Paris.

Ces deux bassins lacustres sont fort éloignés l'un de l'autre et ne présentent pas absolument le même facies coquillier. Ils sont du même âge que les calcaires de la Chapelle-Saint-Aubin, près Le Mans, et que ceux qui existent sur la route nationale du Mans à Alençon.

Bassin de Marcillé. — Le plus anciennement connu est situé au nord du département, dans les communes de Marcillé et de Grazai (arrondissement de Mayenne) ; il est constitué par de petits bancs peu épais, occupant des dépressions peu profondes. On trouve dans ce dépôt, d'après M. Blavier (2), des couches « de calcaire, de marne, de silex « meulière, d'argile et des masses ou rognons de manganèse « hydroxydé. »

---

(1) Œhlert. *Bul. Soc. Géol. Fr.*, 3e Série, t. X, p. 350.
(2) Blavier. *Statist.* p. 93-94.

« Ce dépôt occupe un très petit espace sur la superficie « du département. C'est une formation locale qui a recou- « vert le granite dans la commune de Marcillé. On trouve « dans la commune de Grazai un second dépôt qui probable- « ment se rattache au premier, et on en a récemment « découvert un autre un peu plus loin, dans la commune de « Hambers. On peut regarder comme probable qu'il s'est « fait, dans quelques autres fonds de vallées du voisinage, « de petits dépôts semblables.

« Ces petits terrains d'eau douce ont peu de profondeur. « Ils se composent, en allant de bas en haut : 1° de couches « d'un calcaire jaunâtre, à pâte fine, très dure, siliceux et « renfermant très abondamment des coquilles d'eau douce « qu'il est facile de reconnaître pour des lymnées. Ce « calcaire est traversé de petites cavités sinueuses, capil- « laires et par des herborisations dendritiques. Le plus « souvent, il est remplacé par un banc de marne qui ren- « ferme de nombreuses concrétions calcaires ; 2° de bancs « d'une argile un peu calcaire d'abord, et qui cesse de l'être « à mesure qu'on s'élève ; 3° d'un banc de silex qui est « tantôt à l'état de *silex meulière,* carrié, caverneux, et « tantôt en blocs plus ou moins gros, plus ou moins rappro- « chés, au milieu d'une argile verdâtre; 4° enfin de *rognons* « plus ou moins volumineux de manganèse hydroxydé, « également déposés au milieu d'une argile.

« ..... Très fréquemment, le manganèse manque. Il « paraît exister en rognons disséminés au hasard sur le « terrain marneux. Souvent, au lieu d'être dans l'argile, il « est comme enchâssé entre les fragments plus ou moins « gros d'une roche qu'on prendrait pour un quartz agathe, et « qui n'est autre qu'un hydrosilicate d'alumine qui, par « suite d'une altération qui lui est ordinaire, passe à l'état « d'argile. »

On a tenté pendant quelque temps d'extraire ce minerai, mais depuis longtemps cette exploitation est abandonnée, de sorte que les excavations qui permettaient d'étudier facilement la constitution de ce bassin, sont pour la plupart comblées ou recouvertes par la terre végétale.

Bassin de Thévalles. — Au-dessus des sables, du grès roussard et de l'argile eocène, on trouve à Thévalles, à une altitude d'environ 70 m., un petit lambeau lacustre qui se compose de deux bancs de calcaire, peu épais, blanc-verdâtre, qui reposent sur un sable blanc et alternent avec deux couches de terre végétale. Ces bancs, probablement par suite d'une oscillation suivie d'un affaissement ou d'un ravinement des sables inférieurs, sont fortement inclinés du côté du sud. Le banc inférieur ne contient que de rares coquilles, tandis que le banc supérieur, facilement désagrégeable, abonde en petits mollusques d'eau douce très bien conservés; on rencontre aussi quelques grosses limnées, dans les parties les plus solides du calcaire, mais elles sont peu déterminables.

Cette formation calcaire est surmontée d'un dépôt d'argile sableuse, au-dessus duquel on voit le diluvium.

Le nombre des espèces n'y est pas très considérable; nous y avons recueilli :

Bithinia Monthiersi, Carez.
Hydrobia Tournoueri, Ch. Mayer, sp.
Bithinia Epiedsensis, Carez.
Planorbis cornu, Brong.
Planorbis, sp.
Limnea, sp.
Chara, plusieurs espèces.

M. Vasseur, d'après l'examen de nos espèces, a reconnu un facies semblable à celui qu'il a découvert à Landéan, près de Fougères (Ille-et-Vilaine).

Malheureusement, par suite de l'état de la carrière, ce géologue n'a pu observer l'ordre de superposition des couches, mais, en tout cas, les rapports intimes de leur faune, permettent de considérer ces deux gisements comme identiques.

Le dépôt de Landéan présente cependant quelques espèces que nous n'avons pas rencontrées dans le calcaire de Thévalles, et qui semblent démontrer que les eaux du bassin signalé près de Fougères étaient plus saumâtres que celles de cette dernière localité. Les espèces trouvées à Landéan, sont :

Potamides elegans Desh. — *Potamides perditus* Bayan. — *Planorbis cornu?* Brong. — *Planorbis* sp. — *Limnea* sp. — *Bithinia Monthiersi* Carez. — *Bithinia* sp. ? — *Melania muricata* Wood. — *Cyrena armorica* G. Vasseur. — *Bithinia Duchasteli?*

« En présence d'une semblable association d'espèces, » ajoute l'auteur, (1) « on ne peut guère, jusqu'ici du moins, « fixer d'une manière certaine l'âge de ce gisement, mais « on est en droit d'affirmer que ce dépôt appartient à la série « complexe des sédiments qui constituent le passage de « l'éocène au miocène, comme les marnes supérieures au « gypse dans le bassin de Paris et la formation de Bembridge « dans l'île de Wight.

« ..... Malgré notre hésitation, dit-il, à placer le dépôt « dont il s'agit au sommet de l'éocène ou à la base du « miocène, nous pensons qu'il y a plus de probabilités pour « qu'il appartienne à l'éocène supérieur ; mais il est indis- « pensable que de nouvelles observations viennent com- « pléter ces premières données qui sont encore très « insuffisantes. »

M. Blavier ne connaissait pas le gisement de Thévalles. Ce fut M. Guéranger qui, en 1853, lors de la réunion du Congrès scientifique à Laval, découvrit ce gisement qu'il décrivit comme « un banc de terrain d'eau douce caractérisé « par des paludines, des lymnées et quelques graines de « chara. » Ainsi qu'on en pourra juger par la phrase suivante, cet auteur le place un peu plus haut que nous dans la série des subdivisions des terrains tertiaires :

« Ainsi qu'au Mans, dit-il, ce terrain repose sur un « sable blanc qui représente l'assise supérieure du grès dit « de Fontainebleau, et est recouvert par un alluvion qui « renferme un grand nombre de galets quartzeux (2). »

Quelques lignes plus loin, il ajoute que « sous le rapport « minéralogique, ce petit dépôt se compose d'argile, de

(1) Vasseur. *Rech. géol. sur le terrain tert. de la Fr. occid.* p. 287.
(2) Guéranger. *Bul. Soc. ind. May.*, t. II, 1855, p. 59-60.

« calcaire, et renferme des veines minces de manganèse et
« de fer. »

L'existence de ce gisement était complètement tombée dans l'oubli, et c'est d'après les indications de M. Guéranger que nous avons pu le retrouver il y a quelques années.

MIOCÈNE MOYEN

Nous regardons les deux gisements de Saint-Laurent-des-Mortiers et de Beaulieu, qui sont actuellement les seuls connus dans notre département, comme étant du même âge que les faluns d'Anjou. Ceux-ci occupent dans la classification de M. Hébert et dans celle de M. Vasseur, le sommet du miocène moyen ; d'après M. Tournouer, ils représentent le miocène supérieur.

Gisement de Saint-Laurent-des-Mortiers. — « Le dépôt de Saint-Laurent-des-Mortiers est tout à fait « circonscrit. Il repose sur la crête des couches de phyllade « qui prédominent dans cette région du département (1). »

Ce gisement situé au sud-ouest du département de la Mayenne est composé de couches constituées par une sorte de calcaire contenant des grains siliceux ; cette roche de couleur blanchâtre est tantôt désagrégée, formant alors une sorte de sable coquillier, tantôt compacte et pétrie de petits fragments de coquilles. On y trouve cependant des coquilles entières. Parmi les fossiles les plus abondants, on remarque des bryozoaires, des huîtres et des peignes.

Gisement de Beaulieu. — Le dépôt de Beaulieu est plus rapproché de Laval que le précédent, et se trouve à 18 kil. sud-ouest de cette ville.

Ce lambeau n'occupe qu'un très faible espace, dans un champ de la ferme de la Chevalerie, à l'ouest du bourg ; il est représenté par deux petits monticules de sable jaune, orientés ouest-est, et qui occupent la partie culminante du

(1) Blavier. *Loc. cit.*, p. 96.

champ qui est en pente ; au bas de celui-ci coule un ruisseau assez important. Les fossiles se trouvent uniquement à la partie supérieure de ce dépôt ; une tranchée faite sur les lieux nous a montré que la couche inférieure était dépourvue de fossiles et rappelait, ainsi que les carrières de sable voisines, les couches éocènes que surmonte le calcaire lacustre de Thévalles.

Malgré la faible étendue où sont concentrés les fossiles, nous avons recueilli un grand nombre d'espèces qui se trouvent dans un sable siliceux, à gros grains, légèrement coloré en rouge par de l'hydroxyde de fer.

Nous devons à l'obligeance de M. Tournouer, les déterminations et les renseignements paléontologiques suivants :

Quelques espèces sont communes avec la Touraine, ce sont :

Cyprea Europea (minor.).
Marginella subcypræola (minor.).
Nassa.
Conus Dujardini.
— *Aldrowandi.*
Pleurotoma interrupta ? var.
Typhis tetrapterus.
Trochus.....

« Mais les espèces les plus communes et les plus caractéristiques des faluns de Pontlevoy manquent à Beaulieu, principalement dans les genres *Murex, Fasciolaria, Ficula, Cerithium, Terebra, Arca, Cardita, Crassatella, Venus*; etc. »

« Certaines formes semblent spéciales et nouvelles ; d'autres au contraire, présentent de grandes affinités avec les espèces du Miocène supérieur ou du Pliocène (1). »

M. Tournouer conclut d'après la faune, que ce dépôt est plus vieux que celui de Pontlevoy et qu'il correspond aux faluns de l'Anjou, et même, sans doute, à la partie supérieure de cet horizon. Il le considère comme voisin du niveau de Salles, dans la Gironde (Miocène supérieur).

(1) Tournouer. *In Litteris.*

M. Toulmouche a signalé en 1833 (1) un lambeau falunien reposant sur le granit, dans la forêt du Pertre, près Argentré-sous-Vitré, à la limite du département. Nous n'avons pu faire de recherches de ce côté, mais il est possible que l'auteur ait voulu désigner par là le dépôt que nous signalons à Beaulieu.

Dépôts sidérolithiques. — Les dépôts sidérolithiques se rencontrent très fréquemment dans la Mayenne où ils présentent les mêmes caractères que partout ailleurs, formant des poches plus ou moins étendues dans les schistes et surtout dans les calcaires ; on les observe également dans des sables qu'ils ont cimentés et qu'ils ont transformés en un grès grossier rouge-brun, connu dans le pays sous le nom de roussard. Ces dépôts ne sont pas spéciaux à la période tertiaire, car nous en avons observé des traces évidentes dans des couches quaternaires, toutefois nous les indiquons à cette place parce qu'à la fin de l'époque éocène, il paraît s'être développé une activité toute particulière de l'action hydrothermale qui les a produits.

Au point de vue minéralogique, ces minerais sont composés d'*hydroxyde de fer*, qui se présente soit en plaquettes, soit en couches, et plus souvent en géodes parfois très volumineuses.

Les différents gisements du département ont donné lieu à de nombreuses exploitations qui ont été en activité particulièrement au XVIIe et au XVIIIe siècle et qui ont été abandonnées définitivement vers le milieu du siècle actuel.

A l'époque où M. Blavier a donné sa notice, plusieurs minières étaient encore exploitées :

« Les premières minières du département, dit-il, sont « celles de Lembuche et des Essarts, dans la commune de « Saint-Pierre-la-Cour ; du Bourgneuf et du Champbouquet, « dans la commune du Bourgneuf ; du Gué-de-la-Châtre. Il « y a des dépôts de minerais de fer sur un grand nombre « d'autres points, et notamment dans les communes de

(1) Toulmouche. *Mém. Soc. géol. Fr.*, t. II.

« Montsûrs, la Bazouge, la Baconnière, Meslay, Bour-
« gon, etc., etc., et en quelques autres lieux on voit des
« excavations nombreuses provenant d'anciennes exploi-
« tations (1). »

L'auteur donne sur ces exploitations des renseignements industriels auxquels nous renvoyons.

C'est à la même formation qu'appartient le dépôt de manganèse de Grazai qui se rencontre en nodules plus ou moins volumineux dans une argile verdâtre qui se trouve au-dessus du silex-meulière. « Souvent au lieu d'être dans « l'argile, il est comme enchâssé entre les fragments plus ou « moins gros d'une roche qu'on prendrait pour un quartz « agathe et qui n'est autre qu'un hydrosilicate d'alumine « qui, par suite d'une altération qui lui est ordinaire, passe « à l'état d'argile (2). »

---

(1) Blavier. *Statistique*, p. 89 et p. 144.
(2) Blavier. *Statist.*, p. 94.

TERRAINS QUATERNAIRES

L'étude des terrains quaternaires et de leurs faunes, dans le département de la Mayenne, date de 1872, époque à laquelle nous avons découvert près de la station de Louverné, une grande quantité d'ossements d'animaux, que nous envoyâmes en communication au laboratoire de Paléontologie du Muséum. M. le professeur Gaudry, après leur examen, trouva la faune de cette localité assez intéressante pour publier deux notes sur ce sujet (1).

L'année suivante il venait visiter dans la Mayenne les gisements quaternaires de Louverné, de Sainte-Suzanne (où M. Perrot avait également recueilli des ossements) et enfin ceux de Saulges qui avaient été fouillés par de nombreux explorateurs.

Le résultat de ces recherches a paru en 1876 (2), et nous ne saurions mieux faire que de résumer les principales conclusions de l'auteur.

M. Gaudry a distingué dans la Mayenne trois sortes de formations quaternaires :

1° Gisement de Sainte-Suzanne à *Rhinoceros Merckii,* dont la partie inférieure représenterait peut-être l'âge du Boulder-Clay.

2° Couloir de Louverné, avec limon et ossements transportés par les eaux parmi lesquels se trouvent : *Rhinoceros tichorhinus, Elephas primigenius, Cervus canadensis.*

3° Grotte de Louverné et grottes de Saulges ; ces dernières renferment les débris de plusieurs époques, mais les fragments de renne y dominent.

---

(1) Gaudry. *Compte-rendu acad. Sc.*, 1873, t. 76, p. 657.
— *Bul. Soc. géol. Fr.*, 3e série, t. I, p. 254.
(2) Gaudry. *Matér. p. hist. des temps quat.*, 4°.

I. — Age du Boulder-Clay.

Gisement de Sainte-Suzanne. — C'est à deux kilomètres environ, au nord de Sainte-Suzanne, dans les calcaires cambriens exploités sur les deux rives de l'Erve, qu'ont été recueillis les ossements ; on les a trouvés à trois ou quatre mètres au-dessus du niveau de l'eau, dans un limon argileux, noirâtre, occupant la partie inférieure de cette formation qui s'est déposée dans les anfractuosités du calcaire. On a rencontré dans ce limon des molaires du *Rhinoceros merckii* et des os d'un grand bœuf. M. Gaudry a observé qu' « au-dessus de cette couche vaseuse, on voit des assises « très stratifiées, épaisses d'un peu plus d'un mètre, com- « posées de sables gris remplis de cailloux de schiste noir, de « limons sablonneux gris, et de limons rouges qui ne ren- « ferment pas des blocs anguleux. Les grains ou les cailloux « de ces couches témoignent d'un assez long transport, car « ils sont très roulés ; ils ne sont point en calcaire comme « ceux du haut, mais en schiste.

L'auteur suppose que ce sont des formations glaciaires.

« Au-dessus des couches stratifiées, on rencontre un « limon rouge qui contraste avec elles par l'absence de stra- « tification. Il est rempli de blocs anguleux de calcaire « arraché sans doute aux roches avoisinantes. Ce dépôt « paraît avoir été très différent de celui des couches strati- « fiées sous-jacentes ; il est recouvert par la terre végétale « et les détritus modernes..... »

« L'auteur dit qu'il ne serait pas surpris qu'il existât dans « cette localité des traces de phénomènes glaciaires.

Les animaux dont la présence a été reconnue à Sainte-Suzanne, d'après les ossements recueillis par M. Perrot, sont :

Felis leo, race *actuelle*.
Hyœnacrocuta, race *spelœa*.
Canis vulpes?
Arctomys marmotta, race *primigenia*.
Rhin. merckii.
Equus caballus.
Sus scropha.
Bos
Cervus elaphus.

Ce sont les ossements de bœuf et de cheval qui dominent; leurs fractures ne semblent pas attribuables à la main de l'homme, car les dents sont presque aussi brisées que les os.

II. — Age du Diluvium de Paris.

Couloir de Louverné. — Ainsi que nous l'avons dit plus haut, parmi les nombreuses carrières de calcaire carbonifère, exploitées près de la carrière de Louverné, il en est une, située immédiatement au sud de la ligne du chemin de fer, qui a fourni de nombreux ossements. On trouve sur les tranches et dans les anfractuosités des bancs, qui plongent au sud sous un angle de 60 à 70 degrés, un limon rougeâtre atteignant parfois une épaisseur de deux à trois mètres, et dans lequel on n'a encore rencontré aucun fossile.

C'est dans un long et étroit couloir (haut. 2 m., larg. 0 m. 90), également rempli d'un limon rougeâtre, et dirigé à peu près perpendiculairement à la direction des bancs de calcaire qu'ont été recueillis tous les ossements. Les espèces qui y ont été reconnues sont :

Homo.
Meles taxus.
Ursus ferox.
Mustela.
Canis vulpes?
Canis lupus.
Hyæna crocuta, race *spelæa.*
Felis leo, race *actuelle* et race *spelæa.*
Felis pardus.
Arctomys marmotta, race *actuelle.*
Lepus tumidus.
Elephas primigenius.
Rhinoceros tichorhinus.
Sus scropha.
Bos.
Cervus elaphus, race *ordinaire* et race *canadensis.*
Cervus tarandus.
Anas.
Anser.
Mergus.
Rapace diurne sp.

Ce sont surtout les ossements d'hyènes et les dents de cheval qui se rencontrent le plus abondamment ; ces dernières surtout s'y montrent en profusion.

Les os, qui portent souvent les marques des dents

d'hyènes et d'autres animaux, sont ordinairement brisés en si nombreux fragments que l'auteur déclare n'avoir rien observé de pareil dans les gisements où se trouvent des restes d'hyènes.

De plus, l'absence de coprolithes et la présence d'ossements à la partie supérieure du couloir, montre que leur accumulation dans ce lieu doit être attribuée à l'action des eaux.

Ainsi que le fait remarquer l'auteur : « La faune de « Louverné est remarquable par l'abondance des herbivores, « tels que les chevaux, les bœufs et les cerfs; le genre élé- « phant est représenté par le mammouth, l'espèce de pro- « boscidien qui, à en juger par le nombre des collines de ses « molaires, paraît avoir été la mieux adaptée pour râper des « graminées. Le *Rhinoceros tichorhinus* qui l'accompa- « gnait a été sans doute essentiellement herbivore, car, « tandis que la dentition du *Rhinoceros Merckii* rappelle « beaucoup celle du *Rhinoceros bicornis* qui, dit-on, vit aux « dépens des arbustes épineux, la dentition du *Rhinoceros* « *tichorhinus* rappelle celle du *Rhinoceros simus* qui, au « rapport des voyageurs, se nourrit d'herbes..... » (1).

M. Gaudry signale comme un fait particulièrement intéressant la présence, dans le couloir de Louverné, du lion de la race actuelle en même temps que celle du *Felis spelœa*, du taureau et du *Bos primigenius*, du cerf ordinaire et du grand *Cervus canadensis*; et comme d'après la disposition du couloir il est dfficile, dit-il, de supposer que des fossiles d'âges différents aient pu s'y mélanger, il faut donc admettre que ces animaux ont vécu ensemble dans notre pays, ce qui « établit des liens étroits (p. 61), entre l'époque du mam- « mouth et l'époque actuelle. »

III. — Age du renne.

Grotte de Louverné. — A environ 800 m. du couloir de Louverné, se trouve une grotte également ouverte dans le

(1) Gaudry. *Loc. cit.*, p. 61.

calcaire carbonifère. M. Perrot et moi, y avons recueilli quatre molaires humaines et un humerus brisé. Comme traces de la présence de l'homme, il a été également trouvé un bois de renne incisé par une main humaine.

Les os d'animaux se rapportent aux espèces suivantes :

Hyœna crocuta, race *spelœa*.	*Equus caballus*.
Canis vulpes.	*Bos*.
Rhinoceros tichorhinus.	*Cervus tarandus*.

et aussi quelques ossements d'oiseaux.

Grottes de Saulges. — Les grottes de Saulges sont creusées dans le calcaire carbonifère qui forme sur les rives de l'Erve les rochers escarpés qui donnent à cette vallée un aspect si pittoresque.

Ces grottes, qui ont été habitées à différentes époques, ont fourni quelques ossements humains et de nombreux silex taillés; la plus connue d'entre elles est la *Cave à Margot* qui est fréquemment visitée par les touristes.

Les nombreux silex taillés qu'on y a recueillis ont été déterminés par M. de Mortillet qui les attribue à deux époques différentes : celle du Moustier et celle de la Madeleine.

M. Gaudry y a reconnu les espèces suivantes :

Ursus speleus.	*Rhinoceros tichorhinus*.
— *ferox*.	*Equus caballus*.
Hyœna crocuta, race *spelœa*.	*Sus scropha*.
Canis lupus.	*Bos*.
— *vulpes*.	*Cervus elaphus*.
Arvicola amphibia?	— *tarandus*.
Elephas primigenius.	

Les *Grottes de Rochefort et de la Chèvre* renferment des débris qui appartiennent à l'époque de la Madeleine.

La faune est voisine de la précédente, mais on y a trouvé de plus *Felis leo, race actuelle*, et *Bos taurus*.

En outre, le *Cervus elaphus* déjà peu abondant dans la cave à Margot, n'est représenté ici que par une seule phalange, tandis que le *Cervus tar ndus* est l'espèce dominante.

Nous rapportons au terrain quaternaire et à l'époque du *Diluvium*, des dépôts très étendus dans la Mayenne et qui recouvrent un grand nombre de plateaux sur lesquels on les retrouve sensiblement au même niveau.

Ils se composent de sables rouges, alternant avec des lits de galets qui sont parfois cimentés par un oxyde de fer.

Ces dépôts n'ont généralement pas une grande épaisseur et ne dépassent pas habituellement deux à trois mètres.

On les voit fréquemment reposer directement sur les roches anciennes ; dans d'autres cas, ils surmontent les sables éocènes qu'ils ont ravinés à leur partie supérieure dans laquelle ils forment des poches ; le contact des deux terrains est ordinairement très distinct.

Ces sables sont souvent argileux, et par place, à la partie supérieure, deviennent un véritable *Lehm* argilo-sableux, assez semblable à celui des environs de Paris ou à celui du Rhin.

Nous devons encore signaler qu'à un niveau inférieur et plus près du lit actuel de la Mayenne, le *diluvium* présente un aspect un peu différent, et qu'il pourrait appartenir à un âge plus récent.

Parmi ces dépôts, dans lesquels on n'a jamais rencontré de fossiles, nous indiquerons un amas assez considérable qui s'étend à l'est de Mayenne. Un autre se trouve à Changé, sur la rive gauche de la Mayenne.

A Laval, nous avons constaté ces sables sur les hauteurs de la place de Hercé, ainsi que sur l'autre rive de la Mayenne, à la butte des Senelles, où ils reposent sur des sables éocènes dans lesquels ils forment des poches de plus de sept mètres de profondeur.

On peut encore les observer à la partie supérieure des sables tertiaires de Thévalles, à Entrammes, etc. Ils sont également bien représentés dans le sud du département (1).

---

(1) M. Triger a réuni sous une même couleur, ainsi que nous l'avons dit, les différents dépôts tertiaires et quaternaires; nous ferons également observer que les contours donnés par cet auteur ne peuvent être considérés comme absolument exacts ; c'est ainsi qu'il a indiqué, à tort, la présence de ces sables, dans la vallée de la rivière de Saint-Nicolas, au sud-est de Laval, et que le contour du lambeau des Senelles se prolonge trop au nord-est.

Alluvions. — Ainsi que celui de la Seine, le niveau ancien de la Mayenne atteignait une altitude beaucoup plus élevée qu'aujourd'hui, et son lit avait des limites différentes de celles qui existent actuellement : d'abord large, il est devenu de plus en plus étroit à mesure qu'il se creusait.

Pendant que le cours d'eau se resserrait, il alluvionnait en même temps sur ses rives, produisant des dépôts d'une grande épaisseur dont les plus anciens sont naturellement les plus élevés et qui sont principalement constitués par des galets de schiste pseudo-mâclifère, des fragments de granite et quelques galets de quartz. Ces alluvions, qui ordinairement disparaissent sous la terre végétale, sont visibles à Changé (exploitation de la Pironette); dans la ville même de Laval, particulièrement sur la rive gauche; plus au sud, avant l'écluse de Briassé (rive droite), et enfin sur un grand nombre de points de l'arrondissement de Château-Gontier.

ROCHES ÉRUPTIVES ET ROCHES SÉDIMENTAIRES

PROFONDÉMENT MODIFIÉES

AU CONTACT DES ROCHES IGNÉES

Granite et Granulite. — Les roches granitiques occupent une étendue considérable dans l'arrondissement de Mayenne: la superficie totale de ces roches, d'après Blavier, y équivaut à 1,278 kilomètres carrés, c'est-à-dire le quart environ de la surface du département.

Nous empruntons au même auteur les renseignements topographiques suivants : Cette région, située au nord du département, est presque entièrement constituée par deux énormes massifs reliés entre eux par une étroite bande de granite; le plus occidental se prolonge à l'ouest dans le département d'Ille-et-Vilaine, ayant une grande largeur à la limite des deux départements. Il confine ensuite le département de l'Orne, entre Saint-Aubin et Vaucé, et au nord de Soucé, mais sur une moins grande étendue : ce massif comprend les localités de Pontmain, la Pellerine, Gorron, Ernée, Saint-Denis-de-Gastines, Chatillon, Ambrières, Le Horps et Soucé. Il est presque complètement entouré de schistes plus ou moins métamorphisés, excepté au sud, où l'on trouve des grès siluriens traversés, à l'est de Mayenne, dans la commune de Saint-Fraimbault, par la petite bande granitique qui relie le premier massif au second.

Celui-ci, sur lequel sont situées les localités de Mayenne, Sacé, Hambers, etc., a environ 45 kilom. de long sur 17 kilom. de large.

« Sa limite méridionale s'éloigne peu d'une ligne qui,

« tracée de l'est à l'ouest, diviserait le département en deux « parties à peu près équivalentes (1). »

Ce massif pénètre dans la Sarthe, à l'est des forges d'Orthe, mais il n'y occupe qu'un espace fort resserré.

Les autres massifs de moindre étendue qui s'avancent dans la Mayenne, sont à l'ouest, celui du Pertre et celui de la Croixille, Saint-Hilaire-des-Landes et Chailland; au nord-est, celui d'Orgères et de Lignières.

Ces roches se présentent souvent sous la forme de pitons; nous citerons entre autres les mamelons granitiques situés entre Évron et Bais et le petit îlot de Chailland sur le flanc duquel reposent les couches obliquement redressées du grès armoricain. Ce fait a été déjà signalé par Blavier (2).

Les roches granitiques qui donnent lieu à de nombreuses exploitations dans le département de la Mayenne, sont fréquemment altérées par les agents atmosphériques et par les infiltrations ferrugineuses; leurs éléments sont alors désagrégés et donnent lieu à la formation d'une arène granitique recouvrant parfois de grands espaces. Sur certains points, « on est surpris, dit M. Triger, de voir à quelle profondeur « ces roches si dures se trouvent quelquefois décomposées « et ne forment plus qu'un sable grossier dans lequel on « reconnaît encore toute la texture du granit. Je citerai, « comme exemple, quelques-unes de ces roches aux envi- « rons de Laval, dans lesquelles on peut aujourd'hui péné- « trer à plus de dix pieds de profondeur, comme dans le « terrain le plus meuble (3). »

Parmi les roches granitiques, il y a lieu de distinguer deux sortes de granite. Le premier, qui est très abondant dans la Bretagne et dans la Normandie, est de couleur grise; il est connu sous le nom de granite de Vire ou granite ancien. C'est à ce type qu'il faut rattacher la roche exploitée à Sacé, sur le bord de la Mayenne, à 16 kilom. nord de Laval.

---

(1) Blavier, *Statistique*, p. 49.

(2) Blavier, *Statistique* (pl. 2, fig. 1 et 2), p. 50.

(3) Triger, *Cours de Géognosie appliquée aux arts et à l'agriculture*, pp. 58 et 59.

D'après M. de Lapparent, l'éruption de ce granite, c'est-à-dire sa venue au jour à l'état fluide « serait étroitement « fixée entre les phyllades cambriennes, d'une part, et les « poudingues pourprés, de l'autre, lesquels forment la base « incontestable sur laquelle reposent, en discordance géo- « graphique, sinon en discordance de stratification, les « grès armoricains à Tigillites (Scolithus) (1). »

Le second granite, caractérisé par la structure granulitique du quartz secondaire et la présence du mica blanc ainsi que de la tourmaline, est connu sous le nom de *granulite*. Il est plus récent que le granite ancien qu'il traverse souvent.

Parmi les nombreuses localités où il existe dans la Mayenne, nous citerons le Pertre, Chailland, Sainte-Gemmes-le-Robert, etc.

Diabase. — Cette roche, qui est très abondante dans le département de la Mayenne, est connue dans le pays sous le nom de *bizeul*, et Blavier la considérait comme un Diorite grenu ou compact. « Sa couleur, dit-il, est le « vert sombre, passant fréquemment au noir. Cette roche, « ainsi que le granit, et plus même que celui-ci, a de la « tendance à se décomposer par l'action des agents atmo- « sphériques. La décomposition s'opère, comme sur les « masses granitiques, circulairement autour d'un certain « nombre de points comme centres. Elle offre cela de parti- « culier que la masse commence à se subdiviser en couches « concentriques et sphéroïdales d'une certaine épaisseur; « et ces subdivisions sont indiquées par une trace jaune « d'ocre pulvérulent. Ensuite, la décomposition s'opère « dans chacune des calottes sphériques, en commençant par « la plus éloignée du centre et en marchant vers celui-ci; « ces croûtes sphériques se conservent entières par suite « de l'adhérence de leurs parties, et tantôt se réduisent en « sable, au milieu duquel il reste fréquemment un noyau « fort dur ayant résisté à la décomposition (2). »

(1) De Lapparent, Granite de Vire, *Bul. Soc. Géol. F.*, 3e série, t. VI, p. 147.

(2) Blavier, *Stat.*, pp. 24-26.

Cette décomposition n'a lieu que sur une épaisseur de quelques mètres ; au delà, la roche devient de plus en plus compacte. Sa dureté la fait employer, soit comme empierrement pour les routes, soit comme pavage. — Nous citerons, en particulier, les exploitations de Sacé et les nombreux gisements qui se trouvent dans les cantons d'Ernée et de Gorron.

A 11 kilom. sud de Laval, sur la rive droite de la Mayenne, dans la carrière de la Baudelière, ainsi qu'à l'embouchure du Vicoin, cette roche offre un autre aspect ; c'est encore de la Diabase, mais qui présente, d'après M. Michel-Lévy, une structure ophitique.

Orthophyre. — MM. Fouqué et Michel-Lévy nous ont déterminé sous ce nom des échantillons de porphyre pétrosiliceux provenant du Bégon, sur la rive droite de la Jouanne, près Entramnes, ainsi que de la ferme du Roseau (commune de Parné), sur la route d'Entramnes à Maisoncelles. Ces roches sont assimilables aux porphyres noirs du Morvan et au porphyre brun des Vosges.

Dans le centre de la France, d'après M. Michel-Lévy, l'apparition des orthophyres a eu lieu entre le culm et l'étage de Rive-de-Gier (base du houiller supérieur).

La coloration de cette roche, dont les gisements sont nombreux dans le département de la Mayenne, varie beaucoup, suivant les localités, et même suivant les différents points d'une même carrière; elle est tantôt noire, tantôt verdâtre, le plus souvent elle prend des teintes roses, et passe à la couleur lie-de-vin violacée. Au milieu d'une pâte pétrosiliceuse compacte, on voit nettement des cristaux de quartz et de feldspath plus ou moins nombreux. Parfois le quartz y présente un aspect globulaire.

Les roches sédimentaires, qui avoisinent ces massifs éruptifs, ont été profondément modifiées, et, dans certains cas, présentent l'aspect de roches ignées. M. Triger a toujours indiqué par une teinte rose, ces roches dont l'origine lui paraissait éruptive.

Près d'Entramnes, à la bifurcation de la route de Laval à Château-Gontier, et de la route allant vers Nuillé-sur-Vicoin, ainsi que sur les bords de la Mayenne, entre le port Ringeard et le moulin de Bonne, il existe un développement considérable de ces roches métamorphiques. M. Jannettaz leur donne le nom de « porphyre schisteux (1) ».

M. Munier-Chalmas, qui est venu à plusieurs reprises étudier ces roches sur place, les considère comme sédimentaires, schistoïdes, et pénétrées par des injections pétrosiliceuses, qui parfois ont donné naissance à des cristaux de feldspath orthose, disséminés dans la pâte de la roche. Ce métamorphisme serait dû à l'apparition des orthophyres.

Les faits qui peuvent être invoqués en faveur de l'opinion de M. Munier-Chalmas, sont les suivants : La structure schistoïde conservée et nettement discernable au microscope, même dans les roches qui paraissent le plus compactes ; enfin, le passage insensible de ces pétrosilex à des schistes argileux entre lesquels se trouvent tous les intermédiaires (2).

Blaviérite. — A la suite des roches éruptives et des roches sédimentaires modifiées au contact des précédentes, nous dirons ici quelques mots d'une roche située au nord de Changé, à 4 kilom. nord de Laval, et qui traverse la Mayenne suivant une ligne N.-O.-S.-E.

---

(1) *Bul. Soc. Géol. Fr.*, 3e série, t. VIII, p. 276.

(2) Nous signalons ici pour mémoire, les masses de pétrosilex et de porphyre, et les brèches pétrosiliceuses qui constituent la colline des Coëvrons, située au nord de Voutré, et qui s'étend jusqu'à Sillé-le-Guillaume dans la Sarthe. — Cette région, ainsi que la limite N.-E. du département de la Mayenne, avaient été étudiées par M. Triger ; elles ne figurent ni l'une ni l'autre sur la carte que nous publions, parce que les minutes ont été perdues il y a plus de 25 ans par M. Triger lui-même. Ces renseignements nous ont été donnés par M. Guillier.

Les Coëvrons, malgré tout l'intérêt qu'ils présentent, sont peu connus au point de vue géologique ; nous indiquerons seulement pour la partie comprise dans le département de la Mayenne une note minéralogique de M. Damour, sur un porphyre glanduleux provenant de la ferme du Grand-Houx, commune de Saint-Georges-sur-Erve (1).

(1) *Comptes-Rendus Acad. Sc.*, t. L, 1860, pp. 989-990.

Cette roche avait appelé l'attention de Blavier, qui la désigne sous le nom de *stéatite*. « C'est une roche d'un vert « clair, dit-il, un peu fibreuse, très onctueuse, tendre ; on « y distingue quelques grains de quartz hyalin. On exploite « cette roche pour la construction des robes de fours à « chaux. On met ainsi à profit sa double propriété d'être « très réfractaire et très facile à tailler (1). »

Depuis quelques années, les exploitations anciennes ont été abandonnées et on a fabriqué des briques réfractaires d'un excellent usage, avec les produits de la décomposition de cette même roche. Une usine a été établie à la Biochère, sur la rive gauche de la Mayenne, près Changé.

Sur les confins du département, cette roche se retrouve, d'après Blavier, dans les bois du Clairet, près Saint-Martin-de-Connée ; mais elle y présente un autre aspect et d'autres caractères minéralogiques.

Les gisements situés au N. de Changé, sont les seuls sur lesquels nous possédions quelques renseignements.

MM. Dorlhac et Saminn ont considéré la stéatite de Blavier comme une roche feldspathique (2).

En 1880, M. Jannettaz, à la suite d'une excursion faite dans la Mayenne, a donné une note sur la composition de cette roche, qu'il compare à de la pinnite ; il donne en outre ses caractères minéralogiques et optiques.

Voici d'après cet auteur (3), sa composition chimique :

Silice....................	48,37
Alumine..................	30,75
Oxyde de fer..............	2,25
Chaux et magnésie........	0,4
Potasse..................	8,0
Soude....................	4
Eau......................	5,19
	98,96

(1) Blavier. *Statistique*, p. 22.

(2) Dorlhac et Saminn. *Du Chaulage des Terres*, Bul. Soc. Min. Saint-Étienne, 1866, t. XI, p. 571.

(3) *Bul. Soc. Minéralog. de France*, t. III, pp. 82-84.

C'est, en réalité, dit M. Jannettaz dans une deuxième note, « un silicate alumino-alcalin, contenant moins de 6 0/0 « d'eau, que sa composition chimique et tous ses caractères « rapprochent de la pinnite (1). »

M. Munier-Chalmas, qui a étudié cette région à plusieurs reprises, a bien voulu nous communiquer la description suivante, encore inédite et qui devait paraître dans un prochain travail.

« On rencontre, aux environs de Changé, une roche qui a « été exploitée comme pierre réfractaire et qui résulte « de la modification de schistes très probablement dévo- « niens. Je la désigne sous le nom de *Blaviérite* pour rap- « peler le nom du géologue qui, le premier, l'a signalée.

« Cette roche, profondément modifiée, forme une bande « d'au moins 6 kilom. de longueur, ayant une largeur « variant de 80 à 150 mètres. Je l'ai constatée près de la « ferme de La Bouplinière ; elle traverse la Mayenne au « nord de Changé et se poursuit jusqu'à la ferme de La « Jumelière. (N.-O. de Laval.) La direction générale qui « est N.-E.-S.-E., est interrompue par deux failles d'iné- « gale importance ; la première se trouve en rapport avec le « petit vallon de la Jaffetière, la seconde suit le lit de la « Mayenne. Ces deux brisures ont amené des rejets qui ont « dérangé la direction première de ces couches redressées.

« J'ai pu, grâce à l'obligeance de M. Œhlert, étudier la plus « grande partie des affleurements de la Blaviérite. Les prin- « cipaux gisements sont : la ferme de la Bouplinière, la « chataigneraie de la Courtillerie, la vallée du ruisseau « de la Jaffetière, où cette roche a été exploitée sur plusieurs « points ; le bord de la Mayenne (rive droite) au nord du « Verger ; l'exploitation de la Biochère, la ferme de la « Basté et les champs situés au nord de la ferme de la « Jumelière.

« Sur tout son parcours la Blaviérite est côtoyée au « nord-est par une bande de grès compacts formant les « hauteurs de Guette, de la Biochère et de la lande de

(1) *Bul. Soc. Géol. Fr.*, 3e série, t. VIII, 1880, p. 276.

« Bootz. Ces grès appartiennent au dévonien inférieur et « renferment des *Orthis* et de grands *Homalonotus*. Par « suite de la première faille dont j'ai parlé, la Blaviérite qui « se termine en biseau dans le vallon de Guette, se trouve « ainsi intercalée par suite de brisure entre deux bandes de « grès de la même époque.

« D'autre part, si l'on cherche à établir d'une façon « générale ses rapports stratigraphiques avec les couches « avoisinantes, on voit qu'elle se trouve comprise entre « deux bandes de grès ; d'une part, à la base, elle « est en stratification concordante avec des schistes et « et des grès schisteux qui se relient aux grès compacts « dévoniens; de l'autre, au sommet, une faille la met au « contact avec des grès contenant des tiges d'encrines ou « des débris de végétaux et qui appartiennent peut-être au « carbonifère inférieur; en tous cas, ces grès sont inférieurs « au massif de calcaires carbonifères des environs de Laval « étudiés par M. Œhlert.

« Dans la carrière de la Biochère, la Blaviérite est exploi- « tée avec beaucoup d'activité par M. Drouilleau pour la « fabrication des briques réfractaires. Là, le fait d'un mé- « tamorphisme est rendu évident par la présence d'un banc « de schiste argileux, assez résistant, fissile et peu altéré, « qui se trouve intercalé au milieu des couches de Blavié- « rite. Ce banc a une épaisseur de 30 à 50 centimètres ; il « passe à ses deux extrémités à la roche modifiée. C'est sur « ce point que j'ai particulièrement appelé l'attention de « M. Jannettaz qui nous accompagnait. Lorsqu'on examine « avec soin cette carrière, on reconnaît non seulement la « présence des bancs, mais encore celle des feuillets qui « entrent dans leur constitution. La direction de ces diffé- « rentes couches se trouve en rapport avec la direction « générale des terrains primaires des environs de Laval.

« Dans plusieurs localités, la Blaviérite présente à son « contact (1) avec les grès dévoniens inférieurs des couches

(1) Sur ces différents points, il y a une faille entre les grès et la Blaviérite.

« bréchoïdes qui renferment des fragments de schistes non « modifiés et des petits galets du grès sous-jacent. Mais, le « seul endroit qui nous ait permis de voir très nettement le « contact de la Blaviérite avec les couches avoisinantes, se « trouve à l'embranchement d'un petit chemin, qui part du « deuxième coude fait par la route de Changé à la Marpau- « dière, et qui monte au N.-N.-O., vers la cote 132 ; à cette « altitude se trouvent les grès compacts du dévonien infé- « rieur ; ceux-ci supportent des grès schisteux qui sont sur- « tout visibles, dans un chemin creux que l'on rencontre « 200 m. plus loin et qui descend à gauche dans la vallée. Ce « système de grès schisteux gris verdâtre passe à des schistes « jaunes brunâtres qui se transforment insensiblement en « Blaviérite à mesure que l'on se rapproche du fond de la « vallée. On voit d'abord apparaître de nombreux cristaux « de quartz bipyramidés dans des feuillets de schiste (1) non « encore altérés, puis un peu plus loin, ces schistes quartzi- « fères sont imprégnés et modifiés par un silicate d'alumine « qui les transforme en *Blaviérite*. L'étude de ces couches « de contact et leur examen microscopique, montre bien vite « les différentes phases par lesquelles est passée successive- « ment cette roche; elles peuvent se résumer ainsi :

« I. — Formation dans un schiste argileux préexistant de « cristaux de quartz dihéxaèdriques avec faces plus ou moins « courbes et angles émoussés. Ces cristaux ont été plus « tard brisés par pression, mais les fragments sont encore « en rapports de position.

« II. — Pénétration et modification des schistes argileux « par un silicate d'alumine. Les cristaux de quartz eux- « mêmes ont été quelquefois corrodés et altérés par ce silicate.

« III. — Formation : 1° de quartz globulaire et de quartz « granulitique présentant souvent des plages radiées ; 2° de « très petits cristaux qui se sont surtout développés dans les « cristaux de quartz altérés et qui rappellent le talc par « leurs caractères optique et minéralogique.

(1) Ces schistes argileux sont semblables à ceux qui constituent une grande partie des assises dévoniennes de l'Europe.

« Blavier avait considéré la roche qui nous occupe comme « étant de la stéatite, mais M. Jannettaz a démontré dans « une analyse très intéressante, qu'elle ne renfermait que « des traces de magnésie. L'analyse chimique de la Blaviérite « (le quartz cristallisé étant éliminé), avait conduit M. Jannettaz à la considérer comme ayant des rapports avec la « pinnite, et à la désigner sous le nom de *Roche à pinnite.*

« Le silicate d'alumine qui a ainsi modifié les schistes « dévoniens forme quelquefois de petites veines de matière « assez pure. Il reste à faire l'analyse de cette substance qui « est entamée très facilement par l'acier, et celle des petits « cristaux dont j'ai parlé plus haut.

« La Blaviérite présente plusieurs variétés suivant son « état de modification. Sur quelques points elle est noirâtre « et schisteuse et peut être exploitée comme dalles ; dans la « majorité des cas elle est gris verdâtre, gris blanchâtre ou « bleuâtre ; pendant longtemps, elle a été exploitée pour être « employée directement au revêtement intérieur des fours à « chaux, actuellement, on broie certaines parties plus « tendres pour en faire des briques réfractaires qui servent « au même usage. Dans quelques localités, et notamment « en approchant de la crête de la colline, on rencontre de « très gros blocs ressemblant à des grès d'une très grande « résistance qui forment des accidents très visibles.

« L'étude microscopique montre que ce sont des parties « où le quartz globulaire et granulitique s'est développé en « plus grande abondance. »

Au moment où nous corrigeons ces épreuves, nous apprenons que M. Jannettaz a présenté à la *Société géologique de France* (2), une nouvelle note sur la roche de Changé. L'auteur a bien voulu nous communiquer les conclusions de son travail qui paraîtra dans le tome X du *Bulletin de la Société géologique de France.*

Des échantillons de la matière verdâtre, qui se présente en veines dans la masse générale de la roche, et qui avait été

(1) Letellier. Comptes-Rendus, 2e excurs. *Soc. Lin. de Norm. à Alençon.*

(2) Compte-rendu sommaire, séance du 15 mai 1882.

considérée comme relativement assez pure, ont été communiqués par M. Munier-Chalmas à M. Jannettaz.

Ce dernier, d'après l'analyse qu'il en a faite, trouve qu'elle contient :

Silice	47,2
Alumine et fer	37,7
Soude	6,4
Potasse	3,6
Eau	5,2
	100,1

Ce qui donne la formule :

$$(SiO^2)\ Ae^2O^3\ (KO, NaO, HO.)$$

D'après ces proportions, cette roche, d'après M. Jannettaz, peut être considérée comme une paragonite. Elle a, comme la paragonite des schistes de Monte-Campione (Saint-Gothard), le toucher aussi onctueux que celui du talc. Cette matière, ajoute l'auteur, paraît avoir aussi de l'analogie avec celle qu'on appelle ordinairement pinnite et qu'on rencontre dans les porphyres du centre de la France. (*Note ajoutée pendant l'impression.*)

Tels sont les renseignements que nous avons pu rassembler sur les roches ignées du département de la Mayenne. Ces documents pourront être considérablement augmentés, lorsque des études pétrographiques auront été entreprises sur les roches éruptives si nombreuses dans cette région.

Blavier en avait déjà signalé quelques-unes, dont il avait donné une courte description, mais les caractères indiqués par cet auteur sont souvent insuffisants et demanderaient à être vérifiés par un nouvel examen, et par une étude microscopique.

Nous citerons seulement, d'après des échantillons que nous avons recueillis et qui ont été déterminés par MM. Michel-Lévy et Munier-Chalmas, l'existence de la syénite à Brée et à Neau ; de la microgranulite à Voisin, entre Trans et Courcité.

M. Letellier cite aussi de la syénite à La Celle, près de Pré-en-Pail ; ainsi qu'un filon de porphyre quartzifère près de Saint-Sanson « où les travaux du chemin de Fer l'ont récemment fait découvrir (1) ».

(1) *Bul. Soc. du Nord.*, 3e excurs., t. II, p. 288-289, 1877-1878.

INDEX BIBLIOGRAPHIQUE

1. — 1680. Le Clerc du Flécheray. Description du comté de Laval, § VI, Mines, Métaux et autres richesses souterraines. (Annuaire de la Mayenne, 1857, p. 13.)

2. — 1751. Dargenville. Enumerationis fossilium quæ in omnibus galliæ Provinciis reperiuntur. Tentamina. (Paris, 1751, 8°.)

3. — 1794. Annuaire de la Mayenne. Histoire naturelle du département de la Mayenne. (An XII, p. 116.)

4. — 1826. E. Boullier. Mémoire sur une espèce de Polypier fossile rapportée au genre Favosites de Lamarck. (Annales Linnéennes, 8°, 1826.)

5. — 1832. Desnoyers. Note sur les Terrains tertiaires du Nord-Ouest de la France autres que la formation des faluns de la Loire. (Bul. Soc. Géol. Fr., 1re série, t. II, p. 414.)

6. — 1834. Triger. Lettre à MM. les Membres de l'Académie des Sciences. — Mémoire et Rapports de MM. Cordier et Héricart de Thury. (Paris, imp. Dupont, 1834, 4°, p. 8.)

7. — 1834. Blavier. Notice statistique et géologique sur les Mines et le Terrain à Anthracite du Maine. (Ann. des Mines, 3e série, t. VI, pp. 49-72.)

8. — 1835. Triger. Cours de Géognosie appliquée aux arts et à l'agriculture [ouvrage non terminé]. (Le Mans, pp. 1 à 212, in-18°.)

9. — 1836. Commerce de la Chaux dans le département de la Mayenne. (Ann. de la Mayenne, 1836, p. 63.)

10. — 1837. Blavier. Essai de statistique minéralogigue et géologique du département de la Mayenne. (Paris, 8°, 1837.)

11. — 1837. Pesche. Rapport sur un Essai de statistique minéralogique et géologique..... de Blavier. ... (Bul. Soc. Agr. Sc. et Arts du Mans, 1837, p. 110.) [Un autre rapport sur le même ouvrage parut dans les Comptes-Rendus de l'Acad. Sc., t. II, p. 415.]

12. — 1838. Dufrénoy. Sur l'âge et la composition des Terrains de transition de l'Ouest de la France. (Ann. des Mines, 3e sér., t. XIV, pp. 213 et 251.)

13. — 1840. De Sérière. Notice statistique et historique sur le département de la Mayenne. (Laval, 4°, 1840, pp. 119.)

14. — 1841. Dufrenoy et Élie de Beaumont. Explication de la Carte géologique de France. — Presqu'île de Bretagne par Dufrenoy. (T. I, pp. 176 et 714.)

15. — 1841. Lemercier. Aperçu sur la Statistique et la Topographie médicale du département de la Mayenne. (Annuaire de la Mayenne, 1841, p. 80.)

16. — 1843. Salmon. De l'Importance de la Fabrication de la Chaux à l'Anthracite dans le département de la Sarthe et de la Mayenne. (Bul. Soc. Agr. Sc. et Arts du Mans, 1843, pp. 249 à 254.)

17. — 1844. Brongniart. Histoire des Végétaux fossiles. (4°, 1828-1844.)

18. — 1849. Durocher. Observations relatives à l'Influence de la Nature sur la Végétation. (Comptes-Rendus Acad. Sc., t. XXIX, p. 746.)

19. — 1850. De Verneuil. Réunion extraordinaire de la Soc. Géol. France au Mans. (Bul. Soc. Géol. Fr., 2e sér., t. VII.)

20. — 1851. Descepaux. Marbres du département de la Mayenne. (Annuaire de la Mayenne, 1851, p. 328.)

21. — 1851. Établissement thermal et des Eaux minérales de Château-Gontier. (Ann. de la May., 1851, p. 364.)

22. — 1851. E. Caillaux. Ardoisières de Chattemoue à Javron. (Annuaire de la Mayenne, 1851, p. 361.)

23. — 1852. Dr Bayard. Notice sur les Eaux minérales..... de Château-Gontier. (8° Château-Gontier, 1852.)

24. — 1853. Guéranger. Existence d'un dépôt d'Eau douce à Paludines et à Graines de Chara à Thévalles, près Laval. (Bul. Soc. Ind. May. 1855, t. II, p. 59.)

25. — 1853. Jacob et Croissant. Excursion géologique à Saint-Berthevin et à Saint-Jean-sur-Mayenne, par M. Jacob, professeur de sciences au lycée de Laval, et Croissant, pharmacien. (Bul. Soc. Ind. May., 1855, t. II, p. 61.)

26. — 1853. Renouf. Notice sur l'État actuel des Mines d'Anthracite des départements de la Mayenne et de la Sarthe. (Bul. Soc. Ind. May., 1855, t. I, p. 78.)

27. — 1855. La Beauluère. Notice historique sur la commune d'Entramnes. (Bul. Soc. Ind. May., t. II, p. 343.)

28. — 1860. Damour. Examen minéralogique et Analyse d'un Pétrosilex glanduleux recueilli par M. E. de Beaumont à la ferme du Grand-Houx, sur la pente des Coevrons (Mayenne). (Comptes-Rendus Acad. Sc., t. L, p. 989.)

29. — 1862. Dorlhac. Méthodes d'exploitation, aménagements, condition de travail et matériel des Mines de Houille et d'Anthracite du département de la Mayenne et de la Sarthe. (Bul. Soc. Ind. Minérale, t. VII.)

30. — 1863. Detain. Des Couvertures en Ardoises. (Revue générale d'Architecture et des Trav. publ., vol. XXI, 1863.)

31. — 1863. Triger. Profil géologique du Chemin de Fer de Paris à Brest.

32. — 1864. Couanier. Petite Géographie statistique et historique du département de la Mayenne. (Laval, in-16.)

33. — 1866. Dorlhac et Saminn. Du Chaulage des Terres et de la Fabrication de la Chaux dans le département de la Mayenne. (Bul. Soc. Ind. Min., t. X, p. 511.)

34. — 1867. Murchison. Siluria. (P. 413.)

35. — 1867. Burat. Houillères de la France en 1867. (Chap. VII, p. 189.)

36. — 1868. A. d'Archiac. Paléontologie de la France, 8°.

37. — 1868. Caillaux. Notice sur la Vie et les Travaux de M. Triger. (Bul. Soc. Géol. Fr., 2e sér., t. XXV, p. 547.)

38. — 1869. Dr MAHIER. Recherches hydrologiques sur l'arrondissement de Château-Gontier, avec une carte géologique. (Paris, 8°, 1869.)

39. — 1871. BODARD DE LA JACOPIÈRE. Chroniques Craonnaises. (2e édit., 8°, pp. 357 et 566.)

40. — 1871. A. GAUDRY. Fossiles quaternaires recueillis par M. Œhlert, à Louverné (Mayenne). (Comptes-Rendus Acad. Sc., 1873, t. LXXVI, p. 657.)

41. — 1873. A. GAUDRY. Fossiles quaternaires recueillis par M. Œhlert à Louverné (Mayenne). (Bul. Soc. Géol. Fr., 3e série, t. I, p. 254.)

41 *bis*. — 1874. BURAT. Géologie de la France. (8°, pp. 133 et 324.)

42. — 1875. DE TROMELIN ET LEBESCONTE. Essai d'un Catalogue raisonné des fossiles siluriens des départements de Maine-et-Loire, de la Loire-Inférieure et du Morbihan, avec des observations sur les Terrains paléozoïques de l'Ouest. (Assoc. pour l'avanc. des Sciences. Congrès de Nantes.)

43. — 1875. ALFRED CAILLAUX. Tableau général et description des Mines métalliques et des Combustibles minéraux de la France. (Extrait Mém. Soc. Ing. Civils., Paris, 1875, p. 569.)

44. — 1875. ZEILER. Notes sur quelques Troncs de Fougères fossiles. (Bul. Soc. Géol. Fr., 3e sér., t. III, p. 574.)

45. — 1876. CAGNANT. Gisement de Kaolin à Saint-Baudelle (Mayenne). (Compt.-Rend. Acad. Sc., t. LXXXII, p. 635.)

46. — 1876. A. GAUDRY. Matériaux pour l'histoire des temps quaternaires. (1er fascicule, Fossiles de la Mayenne, 4°.)

47. — 1876. A GAUDRY. Sur les Gisements et Fossiles quaternaires de la Mayenne. (Compt.-Rend. Acad. Sc., t. LXXXII, p. 1211.)

48. — 1876. G. DE TROMELIN. Étude sur la Faune du Grès silurien de Mayenne, etc. (Bul. Soc. Lin. de Normandie, 3e sér., t. I, p. 5.)

49. — 1876. DELAGE. Étude sur les Terrains siluriens et dévoniens du Nord du département d'Ille-et-Vilaine. (Bul. Soc. Géol. Fr., 3e sér., t. III, p. 368.)

50. — 1876. De Tromelin et Lebesconte. Observations sur les Terrains primaires du Nord du département d'Ille-et-Vilaine et de quelques autres parties du massif breton. (Bul. Soc. Géol. Fr., 3e sér., t. IV, p. 583.)

51. — 1877. De Tromelin. Étude des Terrains paléozoïques de la Basse-Normandie. (Assoc. Fr. pour l'avanc. des Sc. Congrès du Havre, p. 493.)

52. — 1877. Delage. Stratigraphie des Terrains primaires dans le Nord du département d'Ille-et-Vilaine. (Thèse.) (Rennes, 4°.)

53. — 1877. Grand'Eury. Flore carbonifère du départ. de la Loire. (Acad. Sc. — Mém. Sav. Ét., t. XXIV, 2e sér.)

54. — 1877. D. Œhlert. Sur les Fossiles dévoniens de la Mayenne. (Bul. Soc. Géol. Fr., 3e sér., t. V, p. 578.)

55. — 1878. Bigsby. Thesaurus siluricus. The Flora and Fauna of the silurian Period, (London, 4°.)

56. — 1878. Bigsby. Thesaurus Devonico-Carboniferus. The Flora and Fauna of the devonian Carboniferous Periods. (London, 4°.)

57. — 1878. L. Maitre. Diction. topograph. du départ. de la Mayenne. (Paris, Imp. Nat., in-4°.)

58. — 1878. Letellier. Deuxième Excursion de la Société Linnéenne à Alençon. (Bul. Soc. Lin. de Normandie, 3e sér., t. II.)

59. — 1878. Notices relatives à la Carte géologique et aux topographies souterraines. (France). (Exposition de 1878, p. 110. — Notice sur le Bassin de Saint-Pierre-la-Cour.)

60. — 1878. Œhlert. Description de deux nouveaux Crinoïdes du Terrain dévonien de la Mayenne. (Bul. Soc. Géol. Fr., 3e sér., t. VII, p. 6.)

61. — 1879. Zeiller. Explication de la Carte géologique de France. (T. IV, 2e partie. — Végétaux fossiles du Terrain houiller.)

62. — 1879 ? L. Crié. Les anciens Climats et les Flores fossiles de l'Ouest de la France. (8°, Rennes, s. d.)

63. — 1880. Ed. Jannettaz. Sur une Roche appelée Stéatite, par Blavier. (Bul. Soc. Géol. Fr., 3e sér., t. VIII, p. 276.)

64. — 1880. Jannettaz. Sur une Roche de Pinnite à Changé. (Mayenne.) (Bul. Soc. Min. Fr., pp. 82-84.)

65. — 1880. D. Œhlert. Note sur le Calcaire de Saint-Roch à Changé, près Laval. (Bul. Soc. Géol. Fr., 3e sér., t. VII, p. 270).

66. — 1880. J. Pichon. Statistique Agricole de l'arrondissement de Château-Gontier, 8°, p. 11.)

67. — 1880. Davy. Notice géologique de l'arrondissement de Segré. (Bul. Soc. Ind. Min. t. IX.)

68. — 1881. Nicholson. On some of new or imperfectly known species of Corals from the devonian rocks of France. (An. and Magaz. of Nat. Hist., 1881, p. 14.)

69. — 1881. Dorlhac. Détermination de l'âge des divers Combustibles des départ. de la Mayenne et de la Sarthe. (Bul. Soc. Ind. Min., 2e sér., t. X.)

70. — 1881. D. Œhlert. Documents pour servir à l'histoire des Faunes dévoniennes dans l'Ouest de la France. (Mém. Soc. Géol. Fr., 3e sér., t. II, 4°, 6 pl.)

71. — 1881. Jannettaz. Mémoire sur les Connexions de la propagation de la Chaleur, avec les différents Clivages et avec les Mouvements du Sol qui les ont produits. (Bul. Soc. Géol. Fr. 3e sér., t. IX, p. 196.)

72. — 1881. Lebesconte. Silurien de l'Ille-et-Vilaine. (Bul. Soc. Géol. Fr., 3e sér., t. X, p. 55.)

73. — 1882. De Lapparent. Traité de Géologie, 8°.

74. — 1882. D. Œhlert. Sur le Silurien au N.-E. du département de la Mayenne. (Bul. Soc. Géol. Fr., 3e sér., t. X, p. 349.)

75. — 1882. D. Œhlert. Crinoïdes nouveaux du dévonien de la Sarthe et de la Mayenne. (Bul. Soc. Géol. Fr., 3e sér., t. X, p. 352).

76. — 1882. Munier-Chalmas. Sur une Roche nouvelle des environs de Changé, près Laval. (Note imprimée dans le présent travail.)

77. — 1882. Jannettaz. Roche de Changé. (Soc. Geol. Fr. 1882. Comptes-rendus sommaires. N° 12, p. 47.)

TABLE DES MATIÈRES

Introduction 1
Historique 7
Orographie 15
Schistes cristallins 21
TERRAINS PALÉOZOIQUES 22
Terrain silurien inférieur (Cambrien) 22
Schistes mâclifères 22
Schistes argileux 23
Calcaires magnésiens 26
Schistes lie-de-vin et Poudingue 28
Terrain silurien moyen (Faune seconde) 30
Grès armoricain 30
Schistes ardoisiers inférieurs à *Calymene Tristani* 35
Grès de May 40
Schistes ardoisiers supérieurs à *Trinucleus* 42
Grès azoïque 44
Schistes ampéliteux à *Graptolithes colonus* 45
Terrain silurien supérieur (Faune troisième) 47
Couches ampéliteuses avec sphéroïdes à *Orthocères*, à *Cardioles* et à *Graptolithes priodon* 47
Terrain dévonien inférieur 51
Grès à *Orthis Monnieri* 53
Calcaire et schistes 60
Terrain carbonifère 71
Calcaire carbonifère 71
Combustibles : Anthracite et Houille 85
Anthracite : La Baconnière 91
— Le Genest 93
— L'Huisserie. — Montigné 94
— Viré 99
— Épineux 99
— La Bazouge 100

Anthracite : Fercé, Saint-Loup. 102
— Gomer 103
Houille : Saint-Pierre-la-Cour. 104
TERRAINS TERTIAIRES. 110
Eocène moyen. 111
Eocène supérieur : Bassin de Marcillé. 115
— Bassin de Thévalles. 117
Miocène moyen : Saint-Laurent-des-Mortiers. 119
— Beaulieu. 119
Dépôts sidérolithiques. 121
TERRAINS QUATERNAIRES. 123
Age du Boulder-Clay : Sainte-Suzanne. 124
Age du Diluvium de Paris : Couloir de Louverné. 125
Age du Renne : Grottes de Louverné, de Saulges, etc. . . 126
Alluvions. 129
ROCHES ÉRUPTIVES ET ROCHES SÉDIMENTAIRES profondément modifiées au contact des roches ignées. . 130
Granite et Granulite. 130
Diabase. 132
Orthophyre. 133
Blaviérite. 134
Note de M. Munier-Chalmas. 136
Index Bibliographique. 141

Angers, imp. Germain et G. Grassin, rue Saint-Laud. — 1135-82.

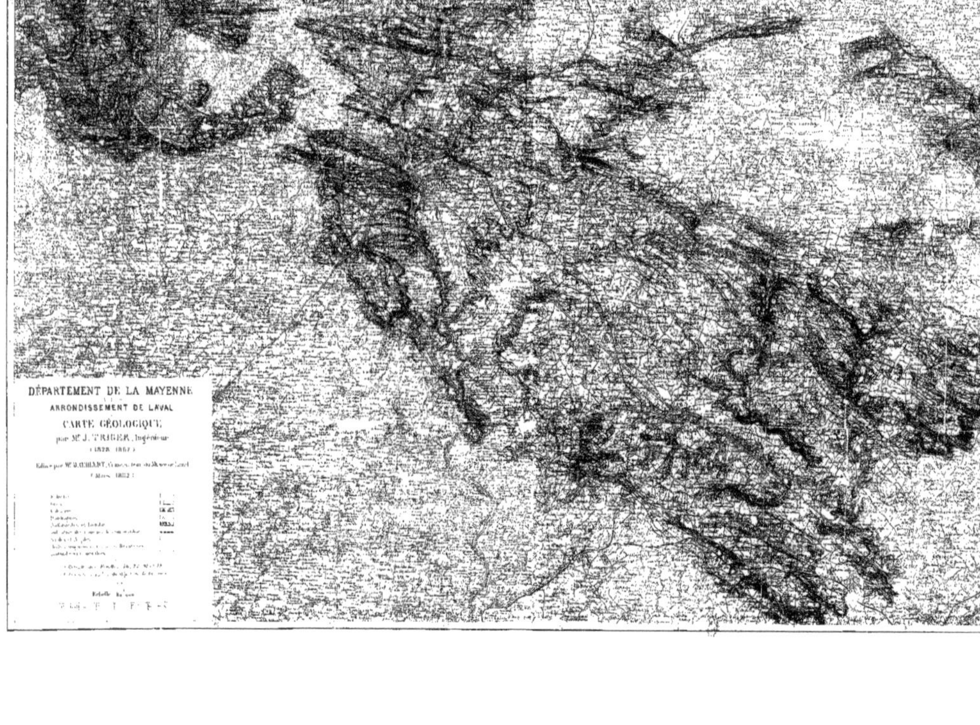
DÉPARTEMENT DE LA MAYENNE
ARRONDISSEMENT DE LAVAL
CARTE GÉOLOGIQUE
par Mr J. TRIGER, Ingénieur

www.ingramcontent.com/pod-product-compliance
Ingram Content Group UK Ltd.
Pitfield, Milton Keynes, MK11 3LW, UK
UKHW022107190726
13855UKWH00002B/705